Thomas Schmi

W0186750

WAS KREUCHT UND FLEUCHT IN HAMBURG?

EIN TIERKUNDLICHER STADTFÜHRER ZU BIENE, FROSCH UND RINGELNATTER

JUNIUS

INHALT

DAS KREUCHT UND FLEUCHT IN HAMBURG

Drei Wildkaninchen hoppeln auf einem Grünstreifen in der City und futtern Gras. In einem Schrebergarten in Langenhorn gaukelt ein Tagpfauenauge von Blüte zu Blüte. Auf dem Ohlsdorfer Friedhof huscht eine Zwergfledermaus in der Abenddämmerung. Und im Naturschutzgebiet Fischbeker Heide schnurrt nachts ein Ziegenmelker. Hamburgs Tierwelt hat weit mehr zu bieten als die bekannten Alsterschwäne und die riesigen Rothirsche im Duvenstedter Brook. Ob in der Innenstadt, im Wohngebiet oder in den Parks und Gärten: Überall lassen sich interessante Tierbeobachtungen machen. Allein 50 Tagfalterarten, 54 Säugetierarten und 160 Brutvogelarten sind in der Hansestadt zu Hause. Die meisten von ihnen leben dort, wo es besonders grün ist. Aber nicht nur die vielen Gärten und Parks machen Hamburg attraktiv für die Tierwelt. Besonders die 34 Naturschutzgebiete mit ihren unterschiedlichen Lebensräumen – Wiesen, Wälder, Heiden, Moore und sogar Dünen – bieten zahlreichen Arten eine Heimat. Sie machen über neun Prozent des Stadtgebiets aus, womit Hamburg flächenmäßig mit solch wertvollen Biotopen bundesweit an der Spitze steht. Zudem beherbergt die Hansestadt mehr Tierarten als jede andere deutsche Großstadt.

Tierbeobachtungen kann man gleich vor der eigenen Haustür machen: Eine hübsche Schnirkelschnecke kriecht an der Wand, im Hibiskus des Nachbarn klettert eine Rötelmaus, und über die Schilfpflanzen am Gartenteich segelt eine Große Pechlibelle. Wer seltenere Arten beobachten möchte, wird dagegen eher in den Naturschutzgebieten fündig. Und manche Tiere sind nur ganz schwer zu entdecken wie etwa der scheue Ziegenmelker. Das ist eine Vogelart, die in der Fischbeker Heide lebt und sich in warmen Sommernächten mit ihrem schnurrenden Gesang bemerkbar macht. Tiere, die nicht so empfindlich sind wie diese Nachtschwalbe und sich leichter an neue Bedingungen anpassen können, suchen sich in der Stadt manchmal recht ungewöhnliche Lebensräume. So brüten einige Hamburger Austernfischer nicht am Nordseestrand, sondern auf dem kiesbedeckten Flachdach des Elbe-Einkaufszentrums. Auch der Steinmarder hat in der Elbmetropole einen Ersatzlebensraum gefunden. Statt in Felsspalten oder von anderen Tieren verlassenen Bauen zu schlafen, verbringt der Kulturfolger seine Nächte häufig auf Dachböden von Wohnhäusern und anderen Gebäuden. Bei Autofahrern hat der Steinmarder einen schlechten Ruf, weil er nicht selten die Zündkabel und Kühlschläuche ihrer geparkten Wagen zerbeißt.

Neben den vielen einheimischen Tieren leben in Hamburg auch Arten, die früher hier nicht zu Hause waren. Diese sogenannten Neozoen sind aus unterschiedlichen Gründen »Neubürger« in der Hansestadt geworden. So gelangte die im Ostchinesischen Meer lebende Wollhandkrabbe im großen Ballastwassertank eines Hochseefrachters in den Hamburger Hafen. In der Elbe hat sie sich mittlerweile so stark vermehrt, dass sie zur Plage geworden ist. Ein anderes Beispiel ist die in Nordamerika beheimatete Kanadagans. Sie wurde in den 1950er Jahren in Hamburger Parks als Ziervogel ausgesetzt. Auch der nordamerikanische Waschbär ist in Hamburg schon beobachtet geworden. Lange Zeit fristete er sein Leben in deutschen Pelztierfarmen, bis einige Exemplare entkommen konnten oder sogar gezielt ausgesetzt wurden. Da die anpassungsfähigen Waschbären bei uns kaum natürliche Feinde haben, konnten sie sich gut ausbreiten. In Hamburg wurden die Kleinbären sogar in Hinterhöfen auf St. Pauli beobachtet.

Was kreucht und fleucht in Hamburg? Zwar leben hier viele Tierarten, doch um nicht wenige steht es schlecht. So ist in den letzten hundert Jahren fast die Hälfte der in der Hansestadt lebenden Tagfalter ausgestorben. Es fehlen Nektarpflanzen für die Schmetterlinge und Futterpflanzen für die Raupen. Außerdem machen Insektengifte den Faltern zu schaffen. Welche Schmetterlingsarten noch in Hamburg zu sehen sind, wie sie leben und wie man ihnen helfen kann, erklärt der NABU Hamburg auf seinen Führungen durch die Biotope. Was für die Schmetterlinge richtig ist, gilt auch für die übrigen Arten: Man kann nur das schützen, was man kennt! Dieser tierkundliche Stadtführer will ein wenig dazu beitragen, unsere Tierwelt besser kennenzulernen. Er stellt zwölf ausgewählte Biotope vor, die über ganz Hamburg verteilt und im Allgemeinen gut zu erreichen sind. Es geht durch sechs Naturschutzgebiete und sechs Parks. Die zu absolvierenden Strecken erfordern alle keine sportlichen Höchstleistungen. Es liegt nahe, die Beobachtungen auf das Sommerhalbjahr einzugrenzen, weil dann die meisten Tiere zu sehen sind. Jeweils sechs Arten werden näher beschrieben, wobei neben häufiger vorkommenden auch seltener anzutreffende Arten berücksichtigt sind.

APOTHERKGARTEN
TROPENGARTEN
PARKSEE
JAPANISCHER GARTEN
WALLGRABEN
KLEINE WALLANLAGEN
GROSSE WALLANLAGEN
BUNDESSTRASSE
SCHLÜTERSTRASSE
ROTHENBAUMCHAUSSEE
EDMUND-SIEMERS-ALLEE
STERNSCHANZE
PENTZELSTRASSE
LAGERSTRASSE
ST. PETERSBURGER STRASSE
KAROLINENSTRASSE
MARSEILLER STRASSE
DAMM
VORWERKSTR.
JUNGIUSSTRASSE
MARKTSTRASSE
MESSEHALLEN
SIEVEKINGPLATZ
FELDSTRASSE
FELDSTRASSE
STEPHANSP
DAMMTORWALL
DAMMTORSTR.
VALENTINSKAMP
GÄNSEMARKT
KAISER-WILHELM-STRASSE
JUNGFE
ABC-STRASSE
GLACISCHAUSSEE
POOLSTR.
PILATUSPOOL
HOLSTENWALL
KOHLHÖFEN
BREITER GANG
GROSSE BLEICHE

PLANTEN UN BLOMEN

Mit Planten un Blomen haben sich die Hamburger eine grüne Oase mitten im Herzen der Stadt geschaffen. Diese 45 Hektar große Parkanlage hat in ihrer Geschichte viele Veränderungen erlebt. 1821 wurde in Dammtornähe ein botanischer Garten angelegt. 1861 richtete man auch einen zoologischen Garten ein, der in den Anfangsjahren von dem berühmten Zoologen und Schriftsteller Alfred Edmund Brehm, dem Verfasser von *Brehms Tierleben*, geleitet wurde. Der Zoo bestand bis 1930. Noch heute erinnert die nördlich von Planten un Blomen verlaufende Tiergartenstraße mit ihrem Namen an den damaligen Tierpark. Der Alte Botanische Garten hat seine Funktion 1979 an den Neuen Botanischen Garten in Klein Flottbek abgegeben. Exotische Tier- und Pflanzenwelt ist im Freigelände von Planten un Blomen kaum noch anzutreffen, abgesehen von dem einen oder anderen Baum oder Strauch. An Attraktivität hat der durch mehrere Gartenbau-Ausstellungen immer wieder umgestaltete Park jedoch nicht verloren. Alter Baumbestand mischt sich mit abwechslungsreichen neueren Anpflanzungen, und statt Löwen und Affen leben jetzt überwiegend einheimische Tiere in der beliebten Parkanlage.

Der in Hamburgs City gelegene Park Planten un Blomen ist gut mit öffentlichen Verkehrsmitteln zu erreichen. Eingang am Fernsehturm: U-Bahn (U3) bis Sternschanze, von dort noch ein kurzer Fußweg. Eingang am Dammtor: U-Bahn (U1) bis Stephansplatz, S-Bahn (S11, S21, S31) bis Dammtor (Messe/CCH).

TAGPFAUENAUGE UND WILDKANINCHEN

Planten un Blomen macht seinem Namen alle Ehre, denn dieses kleine Paradies mitten in Hamburg erfreut das Auge des Besuchers mit vielen schönen Pflanzen und Blumen. So blühen im Frühling beispielsweise Rhododendren, im Sommer Seerosen und im Herbst Astern. Verschiedene Themengärten laden zu längeren Aufenthalten ein, etwa der Rosengarten, wo im Sommer über 300 Rosensorten zu bewundern sind, oder der Apothekergarten, der zahlreiche Heilpflanzen und Kräuter präsentiert. Doch nicht nur Pflanzen ziehen die Blicke des Betrachters an, auch die Tierwelt hat einiges zu bieten. Wer es sich am Ufer einer der zahlreichen künstlichen Wasserbecken gemütlich macht, kann vielleicht eine Blaue Azurjungfer, das ist eine kleine Libelle, entdecken, die sich sanft auf ein Seerosenblatt setzt. Oder er sieht einen Graureiher, der konzentriert nach einem Fisch Ausschau hält und im nächsten Moment zuschnappt. Bei einem Spaziergang zwischen bunten Blumenbeeten sind Bienen und Hummeln beim Blütenbesuch zu sehen. Auch der eine oder andere Schmetterling gaukelt auf der Suche nach Nektar durch die Luft. Wandelt der Tierfreund unter alten Bäumen, kann er mit etwas Glück eine Eichhörnchen-Familie beobachten, wie sie flink durchs Geäst hüpft. Es gibt in Planten un Blomen

TEICHHUHN (Gallinula chloropus) [KENNZEICHEN] Länge 27–31 Zentimeter; Gefieder oberseits olivbraun, unterseits schieferschwarz, an den Flanken schräge weiße Linien. Auch die äußeren Unterschwanzdecken sind weiß. Am Kopf ein rotes Stirnschild und ein roter Schnabel mit gelber Spitze. [LEBENSRAUM] Teiche, Seen, Flüsse und Kanäle mit ausreichender Ufervegetation. [NAHRUNG] Allesfresser: Samen und Früchte von Sumpf- und Wasserpflanzen, aber auch Insekten, Schnecken und sogar Aas und Abfälle. [SONSTIGES] Der Bestand des Teichhuhns in Hamburg ist in den letzten Jahren leicht angewachsen. Diese Ralle kommt hier fast so häufig vor wie das nahverwandte Blässhuhn. In Planten un Blomen wurden schon Teichhühner beobachtet, die in Papierkörben nach Fressbarem suchten.

sogar ein Reptil zu bestaunen, das dort allerdings nichts zu suchen hat: die Rotwangen-Schmuckschildkröte. Ihre Heimat ist Nordamerika. Die am Wallgraben südlich der Mittelmeerterrassen zu beobachtenden Exemplare wurden einfach von »Tierfreunden« ausgesetzt.

Auf der Rentzelstraße am Fernsehturm rauscht der Verkehr. Doch beim Betreten des Parks fühlen wir uns schnell in eine andere Welt versetzt. An diesem warmen Sommermorgen zeigt sich die Natur von ihrer besonders schönen Seite. Überall grünt und blüht es, ein Zaunkönig schmettert sein Lied, und im bunten Blütenmeer summen die fleißigen Bienen. Im Tropengarten gleich rechts vom Eingang gönnen wir uns erst einmal ein Eis und setzen uns ans Wasser. Ein Plattbauch fliegt vorbei. Das ist eine größere Libelle mit abgeflachtem Hinterleib. Da es ein hellblaues Exemplar ist, muss es sich um ein Männchen handeln. Das Weibchen hat einen dunkelbraunen Hinterleib mit gelben Flecken an den Seiten. Wir wollen schon weitergehen, da lässt uns ein gutturales »Kürrk« innehalten: Ein **TEICHHUHN**, das sich zuvor zwischen den langen Blättern von Wasserpflanzen versteckt gehalten hat, kommt kopfnickend hervorgeschwommen. Jetzt macht es einen kleinen »Spaziergang« auf den Blättern der Seerosen und pickt dabei nach Pflanzensamen und Insekten. Deutlich sind die grünen Beine mit den besonders langen Zehen zu erkennen. Sie geben der taubengroßen Ralle guten Halt. Doch unser Teichhuhn ist nicht allein. Noch ein weiteres ist zu sehen und drei schwarze Küken, die eifrig dabei sind, es ihren Eltern gleichzutun und ebenfalls auf den Seerosenblättern zu laufen. Putzig sehen sie aus mit ihren im Vergleich zum kleinen Körper riesigen Füßen.

Teichhuhn

Nun schwimmen die Kleinen wieder und lassen sich von Mama und Papa füttern. Wir entdecken auch das napfförmige Nest der Teichhuhn-Familie. Darin liegen sogar noch einige Eierschalen. Das Nest ist gut im Uferbewuchs verborgen, und man muss schon genau hinsehen, um darauf aufmerksam zu werden.

Nun geht es weiter entlang der alten Wasserkaskaden in Richtung Parksee. Am Ufer kriecht eine Nacktschnecke, einige Wasserläufer gleiten über die Wasseroberfläche. Wir schauen ins Wasser und entdecken einen Schwarm junger Goldfische. Mal schwimmen sie in die eine Richtung, mal in die andere. Durch die Schwarmbildung schützen sich die Goldfische vor dem hungrigen Graureiher und anderen Fressfeinden. Die lassen sich nämlich leicht verwirren und können sich nicht entscheiden, welchen der vielen Fische sie fangen sollen. In der Sonne leuchtet das Gold der kleinen Goldfische besonders schön. Ein Augenschmaus sind auch die vielen Farbtupfer in den Blumenbeeten. Wir sehen das Rosenrot der Spornblume, das Weiß der Margeriten und das Violett des Salbeis. Da! Ein Schmetterling ist im Blumenmeer unterwegs. Jetzt setzt er sich auf eine Blüte. Vorsichtig nähern wir uns und sehen auf den Flügeln vier

Tagpfauenauge

TAGPFAUENAUGE (Inachis io) [KENNZEICHEN] Flügelspannweite 5–6 Zentimeter; auf jedem der vier rostrot gefärbten Flügel ein schwarz, blau und gelb gefärbter Augenfleck. Die braunschwarzen Flügelunterseiten sind fein marmoriert. [LEBENSRAUM] Lichte Wälder, Parks, Gärten und verschiedene andere Biotope. [NAHRUNG] Der Schmetterling ernährt sich vom Nektar unterschiedlicher Pflanzen. Die schwarze und stachelige Raupe frisst bevorzugt Brennnesseln. [SONSTIGES] Das Tagpfauenauge ist noch relativ häufig. Wer es im Garten haben möchte, sollte nicht nur genügend Blüten für den Falter anbieten, sondern auch Brennnesseln für die hungrigen Raupen wachsen lassen.

farbenprächtige »Augen«: zwei auf den beiden vorderen Flügeln, zwei auf den hinteren. Es ist ein **TAGPFAUENAUGE**, das hier mit seinem Saugrüssel wie durch einen Strohhalm Nektar tankt. Mit den »Augen« kann dieses Insekt natürlich nicht sehen. Dieses Muster entsteht durch eine bestimmte Anordnung der verschiedenfarbigen Flügelschuppen und hat wohl die Aufgabe, Vögel und andere Fressfeinde zu erschrecken: Der Schmetterling nutzt dann deren Schrecksekunde und macht sich davon. Jetzt klappt unser Tagpfauenauge seine Flügel nach oben zusammen. Die Augen sind verschwunden, und der Falter sieht nun nicht mehr bunt aus, sondern ist mit seiner dunklen, braunschwarzen Unterseite prima getarnt.

Der Weg geht jetzt leicht bergan. Rechts von uns blühen einige Rhododendron- und Azaleen-Büsche. Weit schweift der Blick über den großen Parksee. Von Mai bis September finden hier abends die farbigen Wasserlichtkonzerte statt. Auf dem See schwimmen einige Stockenten, Reiherenten und Graugänse. In der Luft jagen Mauersegler und Schwalben nach Insekten. Auf dem großen Rasen, der sich links von unserem Weg bis zum Ufer erstreckt, ist eine Bachstelze zu sehen – und vier Hasen. Sind das wirklich Hasen? Die Ohren sind ja viel kleiner. Nein, wir haben **WILDKANINCHEN** vor uns. Sie hoppeln umher und fressen Gras. Da kommt noch ein fünftes Kaninchen. Das hat aber keine graubraune Tarnfärung wie die anderen, sondern ist ganz schwarz. Ein Grund für diese Abweichung von der normalen Farbe könnte eine Mutation sein. Das ist eine sprunghafte Änderung des Erbguts, die auch durch Umweltgifte hervorgerufen werden kann. Vielleicht ist unser

Wildkaninchen

schwarzes Kaninchen aber einfach nur ein entflohenes Hauskaninchen, das sich den wildfarbenen Artgenossen angeschlossen hat. Trotz seiner auffallenden Färbung kann es in der Stadt gut überleben. Dort gibt es nämlich weniger Greifvögel und andere Feinde als auf dem Land. Nicht nur in Planten un Blomen sind Wildkaninchen zu beobachten. Auch in den Alsterwiesen, im Stadtpark, auf Grünstreifen und an vielen anderen Stellen in Hamburg gibt es sie. Zwar vermehren sich die Tiere sehr stark. Doch wird ihre Zahl jedes Jahr im Sommer wieder reduziert. Dann sterben nämlich viele an der sogenannten Chinaseuche. Das ist eine Virus-Krankheit, die fast ausschließlich Kaninchen befällt.
Wir wandeln nun unter alten Lärchen und Kirschbäumen. Die schöne blauschwarze Flügelfeder eines Eichelhähers liegt auf dem Weg. Die nehmen wir mit. Vorbei an einem prächtigen Spitzahorn geht es dann nach links. Aus einer Trauerweide schmettert ein Buchfink, und ein **EICHHÖRNCHEN** turnt mit seinem Nachwuchs in einer knorrigen Platane, die vor dem Café Seeterrassen steht. Es ist wohl das Weibchen, das hier mit seinen vier Jungen flink auf Äste und Zweige klettert. Das Männchen hat sich längst davongemacht, um mit weiteren Weibchen Hochzeit zu feiern. Beim Klettern bewegen sich die Eichhörnchen stoßweise voran und halten mit ihren langen buschigen Schwänzen das Gleichgewicht. Immer wieder springen sie von einem Zweig zum nächsten und setzen dabei ihre

WILDKANINCHEN (Oryctolagus cuniculus) [KENNZEICHEN] Länge 35–45 Zentimeter; graubraunes Fell, im Nackenbereich braun bis rostrot. Das Wildkaninchen ist zierlicher als der Feldhase, mit kürzeren Beinen und Ohren. [LEBENSRAUM] Felder, Wiesen, Wälder, in der Stadt auch Parks, Friedhöfe und andere stadttypische Biotope. [NAHRUNG] Gräser, Kräuter, Knospen und Blätter, manchmal auch Baumrinde und dünne Zweige. [SONSTIGES] Als Kulturfolger ist das Wildkaninchen in Hamburg nicht selten. Dort bewohnt es beispielsweise Bahndämme, Industriebrachen, Sportanlagen und Kleingärten. Es wurde sogar schon auf Verkehrsinseln in der Innenstadt beobachtet.

Schwänze als Steuerruder ein. Sprünge von bis zu fünf Metern sind für Eichhörnchen kein Problem. Das Weibchen voran, geht es jetzt kopfüber den Stamm herab und im Eiltempo zum nächsten Baum. Dass die Eichhörnchen so gut klettern und springen können, verdanken sie nicht nur ihrem Schwanz, sondern auch den muskulösen Hinterbeinen. Selbst glatte Baumstämme und Fassaden an Gebäuden sind für die Klettermaxe kein Hindernis. Mit ihren scharfen Krallen können sie sich nämlich prima festhalten.

Am Ufer des großen Parksees entdecken wir an einem Schilfstängel die Hülle einer größeren Libellenlarve. Das bereits geschlüpfte Insekt könnte vielleicht ein Großer Blaupfeil oder eine andere Großlibelle sein. Im Wasser scheinen wir einige Wasserflöhe ausmachen zu können. Aber es sind keine Flöhe, sondern Kleinkrebse. Jetzt kommt auch noch ein Rückenschwimmer angeschwommen. Wie der Name schon sagt, schwimmt dieses Wasserinsekt mit dem Rücken nach unten. Nun gelangen wir in den Rosengarten mit

Eichhörnchen

EICHHÖRNCHEN (Sciurus vulgaris) [KENNZEICHEN] Länge 35–45 Zentimeter; Schwanz fast so lang wie der übrige Körper. Die Fellfärbung variiert von hellrot bis braunschwarz, der Bauch ist weiß. [LEBENSRAUM] Nadel-, Laub- und Mischwälder, aber auch Gärten, Parks und Friedhöfe. [NAHRUNG] Die Nager ernähren sich vorzugsweise von Nüssen und Samen. Auf dem Speisezettel der Allesfresser stehen außerdem Knospen, Früchte, Pilze, aber auch Jungvögel und Eier. [SONSTIGES] Eichhörnchen sind Kulturfolger und in Hamburg recht häufig. Sie halten keinen Winterschlaf und legen sich deshalb für die kalte Jahreszeit Vorräte an Nüssen und Samen an, die sie meist in der Erde vergraben. Da die Eichhörnchen allerdings viele Verstecke nicht mehr wiederfinden, können dort im nächsten Jahr neue Bäume keimen.

Siebenpunkt-Marienkäfer

seinen wunderschönen Rosensorten. Hier blühen aber auch Margeriten, Phlox, Lavendel und viele andere Pflanzen. Wir setzen uns in eine schattige Ecke und genießen die Blütenpracht. Da krabbelt ein Marienkäfer auf einem Rosenblatt. Es ist ein **SIEBENPUNKT-MARIENKÄFER**, denn er hat sieben schwarze Punkte auf seinen roten Deckflügeln. Von den etwa siebzig in Deutschland lebenden Marienkäfer-Arten kommt der Siebenpunkt-Marienkäfer am häufigsten vor. Wie seine nahen Verwandten frisst er mit Vorliebe Blattläuse. Deshalb spielt er als Nützling eine große Rolle in der biologischen Schädlingsbekämpfung. Als wir unseren Käfer berühren, sondert er eine übelriechende, gelbliche Flüssigkeit ab. Damit will er sich vor Feinden schützen. Auch seine rote Warnfärbung dient diesem Zweck. Sie signalisiert: Achtung, ich schmecke nicht! Bei Ameisen wirken diese Abwehrmechanismen sehr gut, bei hungrigen Vögeln nicht immer, und von uns braucht dieser kleine Glücksbringer ja sowieso nichts zu befürchten.

Jetzt wollen wir zum Apothekergarten. Auf dem Weg dorthin kommen wir an einer langen Steinmauer vorbei. In den feuchten Mauerritzen sind

SIEBENPUNKT-MARIENKÄFER (Coccinella septempunctata) [KENNZEICHEN] Länge: 0,5–0,8 Zentimeter; runder, halbkugeliger Körper. Auf den beiden roten Deckflügeln befinden sich jeweils drei schwarze Punkte. Der siebte Punkt liegt hinter dem schwarzen Halsschild und ist je zur Hälfte auf die beiden Deckflügel verteilt. Die langgestreckte Larve ist bläulich und hat gelbe Punkte. [LEBENSRAUM] Unter anderem Wiesen, Wälder, Heiden, Moore, aber auch Gärten und Parks sowie Wohnungen und Häuser. [NAHRUNG] Überwiegend Blatt- und Schildläuse. [SONSTIGES] Der Käfer ist sehr nützlich. Er vertilgt am Tag bis zu 150 Blattläuse. Auch seine Larve ist sehr gefräßig. In den drei Wochen bis zu ihrer Verpuppung frisst sie zwischen 400 und 600 Blattläuse.

die kleinen violetten Blüten des Zimbelkrauts zu sehen. Dort entdecken wir auch einen Weberknecht. Das ist eine Spinne mit sehr langen Beinen. Im Apothekergarten gehen wir ganz langsam durch die »sieben Höfe der Gesundheit« und schauen uns die vielen Kräuter und Heilpflanzen an. Um die Blüten des Wilden Majoran brummen mehrere Hummeln. Eine schauen wir uns näher an. Es ist die **GARTENHUMMEL**. Das erkennen wir an ihren drei gelben Binden und dem weißen Hinterteil.

Und natürlich fällt uns bei der Betrachtung das mysteriöse Hummelsterben im Hochsommer ein. Dann liegen viele der pelzigen Brummer tot unter Linden. Mittlerweile ist die Ursache klar. Die Hummeln sind einfach verhungert. Woran liegt das? Ende Juli wird das Nahrungsangebot für die Hummeln immer knapper. Dann blühen zwar noch die Linden. Doch ihr Nektar und der Pollen reichen nicht mehr aus, um die vielen schon geschwächten Hummeln satt zu machen. Was könnte den Hummeln helfen? Eine Möglichkeit wäre, ihnen statt farbenfroher, aber nektararmer Zuchtpflanzen wilde Blütenpflanzen als Nahrungsquelle anzubieten und außerdem dafür zu sorgen, dass auch im Spätsommer noch genügend ergiebige Nektarpflanzen zur Verfügung stehen. Wir bleiben noch einmal stehen, um uns die zahlreichen Insekten auf den Blütendolden eines Fen-

Gartenhummel

GARTENHUMMEL (Bombus hortorum) [KENNZEICHEN] Königin: 2,2 Zentimeter; Männchen (Drohne): 1,5 Zentimeter; Arbeiterin: 1,1–1,6 Zentimeter; weißes Hinterteil und drei gelbe Binden am Körper. Diese besonders große Hummel hat einen langen Rüssel und besucht deshalb gern Pflanzen mit langer Blütenröhre. [LEBENSRAUM] Waldränder, Wiesen, Parks und Gärten. [NAHRUNG] Nektar und Pollen. [SONSTIGES] Bildet kleine Staaten. Ein Erdhummelvolk besteht aus fünfzig bis hundert Arbeiterinnen. Das Nest befindet sich oberflächennah in der Erde, in leeren Vogel- und Mäusenestern, aber auch in Gartenschuppen und auf Dachböden.

chels anzusehen. Neben Schwebfliegen, Marienkäfern und Honigbienen sind auch viele kleine Wildbienen zu sehen. Wahrscheinlich wohnen sie im »Hotel Wildbiene«, das die Deutsche Wildtier Stiftung gleich in der Nähe des Apothekergartens aufgestellt hat. Dort bauen sich die kleinen Blütenbestäuber ihre Nester. Als wir uns dem Ausgang von Planten un Blomen nähern, gehen wir noch unter einer riesigen duftenden Linde hindurch und sehen auf dem Boden tatsächlich einige tote Hummeln liegen.

HINWEISE

→ *Öffnungszeiten: Oktober bis März von 7 bis 20 Uhr. April von 7 bis 22 Uhr. Mai bis September von 7 bis 23 Uhr.* → *Der Eintritt ist frei. Fahrräder an den Eingängen abstellen oder schieben.* → *Im Frühjahr veranstaltet der NABU vogelkundliche Kurzwanderungen, auf denen auch andere Tiere beobachtet werden können. Information: www.hamburg.nabu.de, Telefon (040) 697 08 90.* → *Weitere Führungen mit den Schwerpunkten Wildkräuter und Heilpflanzen finden zu verschiedenen Terminen statt. Info: www.plantenunblomen.de* → *Besonders schön ist ein Spaziergang in den Morgenstunden. Dann kann man noch in Ruhe die Tier- und Pflanzenwelt genießen.*

EIGENE BEOBACHTUNGEN

STEINMARDER UND KELLERSPINNE – TIERISCHE MITBEWOHNER

Nicht nur draußen kreucht und fleucht es. Auch in unseren Wohnungen und Häusern leben viele Tiere: Auf dem Dachboden poltert ein Steinmarder, im Wohnzimmer summt eine Stubenfliege, und im Keller krabbelt eine Kellerassel. Heimtiere wie der Wellensittich oder die Hauskatze können sich unserer Sympathie sicher sein. Doch für den lärmenden Steinmarder und viele andere tierische Mitbewohner gilt das zumeist nicht. Ein überwinterndes Tagpfauenauge am Dachbalken oder ein Marienkäfer auf der Zimmerpflanze mögen noch weiter oben in der Beliebtheitsskala stehen, aber eine Kellerspinne oder ein Silberfischchen? Dabei ist die Kellerspinne ein nützlicher Insektenfänger, und das harmlose Silberfischchen gibt sich mit heruntergefallenen Haaren und Hautschuppen zufrieden, manchmal frisst es sogar die schädlichen Hausstaubmilben.

Die meisten Tiere unserer Hausfauna, wissenschaftlich »Intradomalfauna« genannt, gehören zu den Insekten und Spinnen, wobei die Insekten dominieren. Über 300 Arten konnten bisher nachgewiesen werden. Insekten und Spinnen wissen unsere Wohnungen und Häuser deshalb so zu schätzen, weil sie dort günstige Lebensbedingungen vorfinden. Das Mikroklima stimmt, und zu fressen gibt es auch genug. So fühlt sich das Silberfischchen im warmen und feuchten Badezimmer besonders wohl, und der Weberknecht sucht sich gern den kühlen, aber frostfreien Keller zum Überwintern aus. Die Küchenschabe kommt sich zwischen den Speiseresten in der Küche wie im Schlaraffenland vor, und die kleinen weißen Raupen der Dörrobstmotte lassen es sich im Müsli gutgehen.

Als Mitbewohner sind viele Insekten und Spinnen überhaupt nicht gern gesehen. Manche gehen an unsere

Silberfischchen

Lebensmittel, andere machen sich als Materialschädlinge unbeliebt. So frisst sich die Raupe der Kleidermotte durch Pullover und andere Wollsachen, und die Larve des Gemeinen Nagekäfers, der sogenannte Holzwurm, bohrt sich Gänge in Opas alten Schreibtisch und andere Eichenmöbel. Die ungebetenen Gäste sind aber nicht nur für Vorrats- und Materialschäden verantwortlich, sondern einige können auch Krankheiten verursachen. Ein Beispiel ist die Stubenfliege. Sie kann Salmonellen und andere Erreger übertragen, wenn sie beispielsweise ihre Eier auf einem mit Bakterien verseuchten Hundehaufen ablegt und anschließend von unserer süßen Torte nascht. Ein weiteres Beispiel ist die Hausstaubmilbe. In einem Gramm Staub leben Tausende dieser winzigen Spinnentiere. Ihr Kot kann die berüchtigte Hausstauballergie hervorrufen.

Vom Keller bis zum Dachboden: Überall können wir unseren tierischen Mitbewohnern begegnen. Aber nicht alle sind »Dauermieter«, einige bleiben nur für eine gewisse Zeit: Eine Biene oder eine Wespe haben sich ins Wohnzimmer verirrt, auf der Schlafzimmergardine sitzt ein Nachtfalter namens Hausmutter, und in der Küche naschen Fruchtfliegen von den übrig gebliebenen süßen Melonenscheiben. Fühlt man sich durch die Biene oder einen anderen Hausgast auf Zeit belästigt, sollte man allerdings auf Fliegenklatsche und Insektenspray verzichten. Besser ist es, den unerwünschten Eindringling mit einem im Handel zu erwerbenden Insektenfänger einzufangen und anschließend ins Freie zu entlassen.

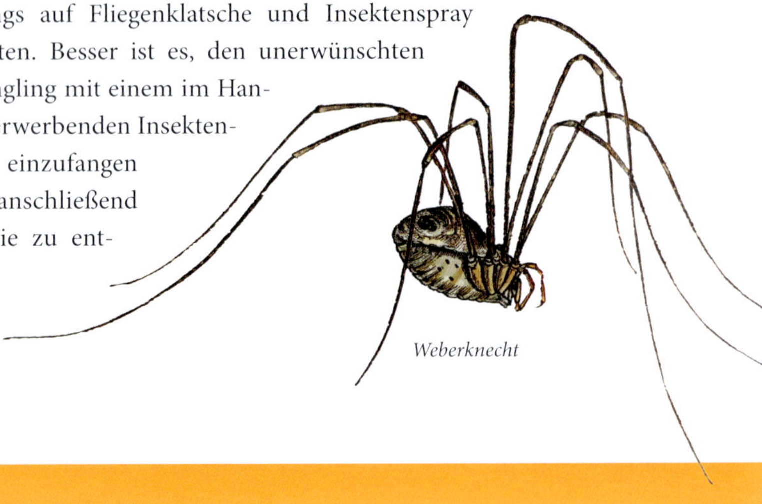

Weberknecht

Manche Tiere nutzen unsere Räume zum Überwintern. Besonders auf dem frostfreien Dachboden lassen sich in den ungemütlichen Wintermonaten interessante Beobachtungen machen. Da hält ein Kleiner Fuchs mit zusammengefalteten Flügeln Winterruhe auf einem Holzbalken. Gleich nebenan hat es sich eine Schar Marienkäfer gemütlich gemacht, und in den Ritzen der alten Wärmedämmung verbringen mehrere Florfliegen die kalte Jahreszeit. Wer im Spätherbst ein Tagpfauenauge oder einen Kleinen Fuchs in seiner Wohnung entdeckt, sollte diese Falter schnell und behutsam in einen kühlen Raum bringen. Nur dort können sie überwintern. Im beheizten Wohnzimmer würden die Schmetterlinge aufwachen, dabei viel Energie verbrauchen und vorzeitig sterben. Das Gleiche gilt auch für Marienkäfer und Florfliegen. Sind diese beiden tierischen Mitbewohner auf Zeit mit unserer Hilfe gut durch den Winter gekommen, »bedanken« sie sich, indem sie die Zimmerpflanzen von Blattläusen befreien.

EBERKAMP
LOLLENBOHM
PAEPLOWWEG
SPORTALLEE
MAIE
SPREENENDE
STUTZENKAMP
KATHARINA-JACOB-WEG
BEERBOOMSTÜCKEN
WIGANDWEG
RATHBUSCH
GROSSER MOORTEICH
ALSTERKRUGCHAUSSEE
RATHENAUSTRASSE
CHRÖDERSWEG
KLOTZENMOOR
KUGELFANG
BORSTELER CHAUSSEE
BRÖDERMANNSWEG
BEBELALLEE
BILSE
B433
INSELSTRASSE
BUS
BUS
ALSTERDORFER STRASSE
BRAM
NEDDERFELD
SALOMON-HEINE-WEG
BEBELALLEE
ERIKASTRASSE
LATTENKAMP (SPORTHALLE)
B343
MEENKWIESE
BUSSEST

EPPENDORFER MOOR

Das Eppendorfer Moor ist ein kleiner Rest der nach der letzten Eiszeit auf der Terrassenkante des Alsterlaufs entstandenen ausgedehnten Moorflächen. Es besteht aus einem zentralen Niedermoorbereich, der von Bruchwald, Mischwald und Laubwald umgeben ist. Nicht nur heute ist dieses Naturschutzgebiet dem Einfluss des Menschen – Umweltgifte, Verkehrslärm, Nutzung als Erholungs- und Freizeitgebiet – ausgesetzt. Schon im Mittelalter wurden im Rahmen zunehmender Urbanisierung biologisch wertvolle Flächen zur Bebauung oder zur landwirtschaftlichen Nutzung entwässert und abgetorft. 1948 bis 1950 wurde aufgeforstet und später bei der Kanalisierung der Alster und dem Ausbau der Alsterkrugchaussee das Grundwasser abgesenkt. Dadurch verschwanden viele Licht und Feuchtigkeit liebende Pflanzen. Weil es sehr klein und großenteils von viel befahrenen Straßen und dicht bebauten Wohngebieten umgeben ist, lässt sich der ursprüngliche Zustand des Eppendorfer Moores nicht wiederherstellen. Der Naturschutz konzentriert sich deshalb auf den Erhalt der heutigen Biotope.

Das Naturschutzgebiet Eppendorfer Moor liegt relativ zentrumsnah im Stadtteil Groß Borstel. U-Bahn (U1) bis Lattenkamp, von dort mit der Buslinie 114 bis Orchideenstieg oder mit der Buslinie 39 bis Alsterkrugchaussee 244. Parkmöglichkeiten in den Straßen Klotzenmoor und Alsterkrugchaussee.

SCHNIRKELSCHNECKE UND TEICHFROSCH

Eine kleine verwunschene Moorlandschaft mit vielen Pflanzen und Tieren, nicht weit vom Zentrum der Millionenstadt Hamburg entfernt: Das ist schon etwas Besonderes. Das Eppendorfer Moor lohnt das ganze Jahr über einen Besuch. Besonders schön ist es im Frühling. Dann erfreuen uns die blühenden Weiden, die leuchtend gelben Sumpfschwertlilien und die weißen Blütenteppiche der zarten Wasserfeder. In den Teichen quaken die Frösche, Libellen gehen auf Fliegenjagd, und in den kleinen Wäldchen lassen uns die schönen Vogelgesänge den nahen Verkehrslärm vergessen. Das Eppendorfer Moor mit seinen reich strukturierten Lebensräumen hat eine sehr abwechslungsreiche Tierwelt. Im Jahr 1989 zählten Biologen 641 Schmetterlingsarten. Die meisten davon waren Nachtfalter. Von den 25 im Schutzgebiet lebenden Libellenarten sind die Blaugrüne Mosaikjungfer und die Gemeine Smaragdlibelle, eine in Hamburg seltene Art, hervorzuheben. Selten ist auch der Moorfrosch. Zu den weiteren im Eppendorfer Moor lebenden Amphibienarten gehören Teichmolch, Gras- und Teichfrosch sowie die Erdkröte. Das Naturschutzgebiet ist Lebensraum von 35 Brutvogelarten, darunter Kleinspecht, Sumpfmeise und Grauschnäpper. Im Gebiet des zentralen Teiches wurden verschiedene Fledermausarten beobachtet: Wasser-, Zwerg-, Breitflügel-Fledermaus und Großer Abendsegler.

Es ist ein sonniger Tag im Juni. Bei der großen NABU-Tafel beginnt der Hauptweg, der in das Naturschutzgebiet führt. Er wird von den ausladenden Kronen alter Bäume beschattet und lässt uns ganz schnell den Verkehrslärm auf der Alsterkrugchaussee vergessen. Wir gehen unter dem grünen Blätterdach von Ahornen, Birken, Linden, Pappeln und anderen Laubbäumen. Hier wächst ein Haselstrauch, dort ein Hartriegel oder eine Eberesche. Am Wegesrand sehen wir Brennnesseln, Brombeeren und immer wieder das Kleinblütige Springkraut. Berührt man die reifen Fruchtkapseln dieser gelbblühenden Pflanze, springen sie auf und schleudern die Samenkörner heraus. Wir entdecken noch etwas Gelbes. Es ist ein männlicher **ZITRONENFALTER**. Er tanzt in den Sonnenstrahlen, die den Weg durch die Baumkronen gefunden haben. Dieser schöne Schmetterling ist einer unserer ersten Frühlingsboten. Er fliegt schon ab März. Da der Zitronenfalter Frost verträgt, verbringt er als einzige Schmetterlingsart die kalte Jahreszeit ungeschützt in freier Natur, etwa zwischen Grashalmen oder unter Efeublättern. Unser Tagpfauenauge ist da empfindlicher. Es überwintert lieber im Gartenhäuschen oder auf dem Dachboden. Der Zitronenfalter ist ein richtiger Überlebenskünstler, denn er übersteht sogar Temperaturen von bis zu minus zwanzig Grad. Das liegt am Glyzerin in seiner Körperflüssigkeit. Diese Substanz wirkt wie ein Frostschutzmittel. Der Zitronenfalter bleibt nicht lange allein. Ein weißlich gefärbtes Exemplar fliegt herbei. Ein Kohlweißling? Nein, es ist das Weibchen.

Zitronenfalter

ZITRONENFALTER (Gonepteryx rhamni) [KENNZEICHEN] Flügelspannweite 5–6 Zentimeter. Das Männchen ist leuchtend zitronengelb, das Weibchen grünlichweiß. Beide haben auf ihren vier Flügeln jeweils einen kleinen orangefarbenen Fleck. Das Weibchen kann von Weitem mit dem Großen Kohlweißling verwechselt werden. Die Raupe ist grün und hat helle Streifen an den Körperseiten. [LEBENSRAUM] Lichte Wälder, Waldränder, Parks und Gärten. [NAHRUNG] Der Schmetterling bevorzugt den Nektar rotviolett blühender Pflanzen wie etwa Flockenblume oder Blutweiderich. Die Raupe frisst die Blätter von Faulbaum und Kreuzdorn. [SONSTIGES] Der Zitronenfalter ist noch relativ häufig. Von allen Schmetterlingen hat er die längste Lebensdauer. Er wird fast ein Jahr alt. Um einen Zitronenfalter in den Garten zu locken, sollte ein Faulbaum als Raupenfutterpflanze vorhanden sein.

Nun spazieren wir den Hauptweg weiter. Rechts ist braunschwarzes Moorwasser zu sehen. Bei einer Bank geht es nach links, vorbei an Moorbirken, Ebereschen und Weißdorn. Langsam nähern wir uns dem wertvollsten Teil des Naturschutzgebiets, dem zentralen Niedermoor. Auf einem Brombeerblatt sitzt eine Grüne Stinkwanze. Wer sie berührt, wird eine unangenehme Überraschung erleben. Sie versprüht ein übelriechendes Sekret, um sich zu verteidigen. Mitunter kann dieses Sekret sogar allergische Reaktionen hervorrufen. Bei der nächsten Abzweigung halten wir uns rechts und sehen ein Stückchen vor uns schon die erste Beobachtungskanzel. Am Boden auf dem Weg dorthin sucht ein Rotkehlchen nach Insekten und Spinnen. Dann fliegt es auf einen Buchenzweig und singt sein melancholisches Lied. Jetzt entdecken wir am Stamm einer alten Birke eine **GARTEN-SCHNIRKELSCHNECKE**. Sie ist ein naher Verwandter der bekannten Weinbergschnecke. Um nicht auszutrocknen, hat sich unsere Schnecke in ihr schützendes Gehäuse zurückgezogen. Erst wenn es regnet, kommt sie wieder heraus. Ihr farbenfrohes Schneckenhaus ist gelb und besitzt spiralig angeordnete braune Bänder. Auch den Winter verbringt die schöne Schnirkelschnecke in ihrem Gehäuse. Dort überdauert sie die kalte Jahreszeit in Kältestarre. Manchmal liegen Gehäuseteile der Garten-Schnirkelschnecke und anderer Gehäuse-

Garten-Schnirkelschnecke

GARTEN-SCHNIRKELSCHNECKE (Cepaea hortensis) [KENNZEICHEN] Das kugelige Gehäuse hat einen Durchmesser von 2,5 Zentimetern. Die Färbung des Gehäuses und der Bänder variiert stark. Es gibt auch Garten-Schnirkelschnecken ohne Bänder. [LEBENSRAUM] Wiesen, Hecken, Gebüsche, lichte Wälder. [NAHRUNG] Vorzugsweise Algen. [SONSTIGES] Die Garten-Schnirkelschnecke ist recht häufig. Ihr Name täuscht, denn Gärten sind nicht ihr wichtigster Lebensraum. Dort lebt aber ein naher Verwandter, die Hain-Schnirkelschnecke.

schnecken verstreut am Boden. Dann war eine Singdrossel am Werk. Sie hat in ihrer »Drosselschmiede« einen Stein als Amboss genutzt, um damit die Gehäuse aufzubrechen.

Vorbei an Brombeergestrüpp und einzelnen Himbeerpflanzen gehen wir weiter in Richtung des großen Moorteiches. Rechts vom Weg liegt eine alte, umgestürzte Moorbirke. Ihr großer Wurzelteller ist dicht mit Brombeeren überwuchert. Da wir uns in einem Naturschutzgebiet befinden und nicht in einem monotonen Wirtschaftswald, darf dieser Baum einfach liegen bleiben. Sein Totholz ist nämlich ein wichtiger Lebensraum für viele Pflanzen und Tiere. Pilze, Flechten und Moose siedeln sich an, und Insekten wie etwa Käfer und Ameisen finden hier eine neue Heimat. Jetzt erreichen wir die erste Beobachtungskanzel. Im seichten Wasser des großen Moorteiches schwimmen einige Laichballen. Doch wo sind die Frösche? Da hören wir schon einen von ihnen quaken. Es ist ein **TEICHFROSCH**. Gut sind seine seitlich am Kopf sitzenden, weißlichen Schallblasen zu erkennen. Nur das Männchen besitzt diese

Teichfrosch

TEICHFROSCH (Rana esculenta) [**KENNZEICHEN**] Länge des Männchens 6–10 Zentimeter, Länge des Weibchens 6–12 Zentimeter; Oberseite grün mit schwärzlichen Flecken und oft mit hellem Rückenstreifen, Unterseite weiß mit grauer Marmorierung. [**LEBENSRAUM**] Moore, Teiche, Seen, Gräben; gern an sonnigen Plätzen mit viel Vegetation. [**NAHRUNG**] Insekten, Spinnen, Würmer, Schnecken, aber auch Kaulquappen und kleinere Artgenossen. [**SONSTIGES**] Der Teichfrosch ist aus Kreuzungen zwischen Seefrosch und Kleinem Wasserfrosch hervorgegangen. Da im Ballungsraum Hamburg viele Gewässer verschmutzt sind, nehmen die Teichfroschbestände stark ab.

dehnbaren, dünnen Ausstülpungen der Haut. Es will mit seinen weithin hörbaren Rufen ein paarungsbereites Weibchen anlocken. Eine kleine, blaue Libelle setzt sich ans Ufer, um sich zu sonnen. Und schon nähert sich vorsichtig ein weiterer Teichfrosch, den wir zuvor gar nicht bemerkt haben. In Sekundenbruchteilen schnappt er sich das Insekt mit seiner langen, klebrigen Zunge. Und die ist ein richtiges Meisterwerk der Natur: Hat ein hungriger Frosch ein Beutetier entdeckt, schnellt seine Zunge mit einer rasanten Beschleunigung, die die Erdbeschleunigung um das Fünfzigfache übertrifft, aus dem Maul! Fantastisch ist auch die Länge der Zunge. Sie kann bis zu sechsmal so lang werden wie der gesamte Frosch und wird im Maul platzsparend wie eine Ziehharmonika zusammengefaltet.

Unser Weg führt jetzt um den großen Moorteich herum. Eine Maus flitzt über den Boden, wahrscheinlich handelt es sich um eine Rötelmaus. Die ist nämlich auch am Tage aktiv. Auf einer Birke veranstalten drei Eichhörnchen wilde Verfolgungsjagden. Und wir sehen eine Katze mit einer jungen Amsel im Maul. Leider fallen jedes Jahr viele Jungvögel umherstreunenden Katzen zum Opfer. Auch freilaufende Hunde sind eine Gefahr für Vögel. Besonders Laubsänger und andere Bodenbrüter haben darunter zu leiden. Auf der zweiten Beobachtungskanzel genießen wir den Blick in die Moorlandschaft. Am Teichufer leuchten die gelben Blüten der Sumpfschwertlilien, und auf den kleinen Inseln blühen die Weiden. Auf

GRAUGANS (Anser anser) [KENNZEICHEN] Länge 74–84 Zentimeter; braungraues Gefieder, Schnabel orange, Beine blassrosa. [LEBENSRAUM] Brütet gern im Uferbewuchs stehender und langsam fließender Gewässer wie Teiche, Seen und Flüsse. [NAHRUNG] Stängel, Blätter, Samen und Früchte von Land- und Wasserpflanzen. [SONSTIGES] In Hamburg brüten Graugänse auch auf dem Ohlsdorfer Friedhof. Vor Hunden brauchen sie sich nicht zu fürchten, denn die sind dort verboten. Die Brutbestände Hamburger Graugänse haben sich fast verdoppelt. 2001 wurden 144 Brutpaare gezählt, 2012 gab es bereits 270 Brutpaare.

dem Wasser schwimmen Stockenten, Blässhühner und Haubentaucher. Jetzt sehen wir noch eine **GRAUGANS**, die gerade ins Wasser will. Doch es kommen noch mehr ihrer Artgenossen. Sechs schon ziemlich große Junge watscheln im Gänsemarsch hinterher, gefolgt vom zweiten Elternteil. Wer von den Eltern der Ganter ist, können wir nicht sagen, da beide gleich aussehen. Die Gänsefamilie schwimmt in Richtung der vor uns liegenden Insel. Dort befindet sich wahrscheinlich ihr gut vor Menschen und Hunden geschütztes Nest. Ein Graugans-Paar bleibt sich ein Leben lang treu. Das gilt auch für die homosexuellen Graugänse. Die Ganterpaare streiten sich allerdings häufiger als heterosexuelle Paare, weil jeder die Rolle des dominanten Männchens einnehmen will. Manchmal richten sich Graugänse sogar eine Art Kindergarten ein. Dort kümmern sich mehrere Paare gemeinsam um den Nachwuchs.
Auf unserem Spaziergang wird es nun immer uriger. Hier im schattigen Bruchwald können wir uns nur schwer vorstellen, mitten in Hamburg zu sein. Abgebrochene Weidenäste liegen im dunklen Moorwasser wild durcheinander. Sie sind dicht mit Moos bewachsen. Sumpffarne sind zu sehen, und auf dem Stamm einer Pappel entdecken wir Flechten. Eine Flechte ist eine Symbiose, also eine Lebensgemeinschaft, zwischen einer Alge und einem Pilz. Wieder ein schöner Blick auf den großen Moorteich: Frösche sind zu hören und einige Libellen zu sehen. Ein Graureiher steht am Ufer einer

Graugans

Vierfleck

kleinen Insel, auf dem abgestorbenen Ast einer Weide sitzt ein Kormoran, und ein Eisvogel flitzt über das Wasser. Eine größere Libelle setzt sich auf ein Erlenblatt. Vorsichtig nähern wir uns und erkennen einen **VIERFLECK**. Diese Großlibelle heißt so, weil sie auf jedem ihrer vier Flügel einen auffälligen dunklen Fleck besitzt. Jetzt fliegt sie weiter und steuert direkt aufs Wasser zu. Dort berührt sie die Wasseroberfläche immer wieder mit ihrem Hinterleib in wippender Bewegung. Wir beobachten gerade ein Weibchen bei der Eiablage. Da kommt ein weiterer Vierfleck angeflogen. Das ist wohl das Männchen. Es bewacht sein Weibchen und verhindert auf diese Weise die Paarung mit Konkurrenten. So sorgt es dafür, dass sich nur die von ihm befruchteten Eier über die Larven zu neuen Libellen entwickeln können. Der Vierfleck paart sich im Flug. Das geht in Sekundenschnelle und ist deshalb nur sehr schwer zu beobachten.
Als wir auf dem weiteren Weg einen Faulbaum sehen, fällt uns eine grüne Raupe auf. Sie ist gerade dabei, ein Blatt anzufressen. Das muss die Raupe des Zitronenfalters sein. Diesen schönen Schmetterling konnten wir ja

VIERFLECK (Libellula quadrimaculata) [KENNZEICHEN] Flügelspannweite 7–8,5 Zentimeter; beigebraun mit dunkelbraunem Ende des Hinterleibs. An den vier Vorderflügelkanten sitzt jeweils ein schwarzer Punkt in der Mitte. Männchen und Weibchen sehen sehr ähnlich aus. [LEBENSRAUM] Stehende Gewässer, besonders häufig Moorseen; kann auch an Gartenteichen beobachtet werden. [NAHRUNG] Verschiedene Fluginsekten, besonders gern Mücken. [SONSTIGES] Der Vierfleck ist recht häufig. Er fliegt von Mai bis Juli. Das Männchen hat ein eigenes Revier, das es immer wieder abfliegt und gegen Konkurrenten verteidigt.

vorhin schon beobachten. Jetzt stehen wir auf der dritten Beobachtungskanzel. Sie ist teilweise von Japanischem Staudenknöterich zugewachsen. Da diese aus Asien eingeführte Pflanze sehr stark wuchert und anderen Pflanzen den Platz wegnimmt, wird sie regelmäßig bekämpft. Mücken tanzen in der Luft, und weit oben kreisen zwei Mäusebussarde. Vorbei an einigen Schrebergärten am Westrand des Eppendorfer Moores geht es jetzt nach links durch dunklen Laubwald. Langsam wird es heller, und wir gelangen wieder an den großen Moorteich. Auf der Wasseroberfläche sehen wir mehrere **WASSERLÄUFER**, die sich mit ihren langen, dünnen Beinen ruckartig vorwärts bewegen. Diese zu den Wanzen gehörenden Insekten sind hervorragend an ein Leben auf dem Wasser angepasst. Sie sind sehr leicht, und ihre Füße haben viele wasserabweisende Härchen. Die flinken Wasserläufer nutzen die Oberflächenspannung des Wassers. Durch ihre weit abgespreizten Beine können sie ihr Gewicht so verteilen, dass das Oberflächenhäutchen des Wassers nicht reißt. Jetzt fällt eine Mücke auf das Wasser und

Gemeiner Wasserläufer

GEMEINER WASSERLÄUFER (Gerris lacustris) [KENNZEICHEN] Länge rund 1 Zentimeter; länglicher schwarzbrauner Körper. Das erste Beinpaar ist kurz und dient dem Beutefang. Die zweiten und dritten Beinpaare sind lang. Das zweite dient der Vorwärtsbewegung und das dritte der Steuerung. [LEBENSRAUM] Tümpel, Seen und andere Stillgewässer, auch Gartenteiche und große Pfützen. Manchmal auch langsam fließende Gewässer. [NAHRUNG] Kleine, auf die Wasseroberfläche gefallene Insekten, die mit hochsensiblen Schwingungssensoren an den Beinen aufgespürt werden. [SONSTIGES] Der Gemeine Wasserläufer kann sogar kurze Flüge oder Sprünge machen, um vor Feinden zu flüchten oder neue Lebensräume zu besiedeln.

zappelt ums Überleben. Das spüren die Wasserläufer und schießen auf das Insekt zu, um es auszusaugen. Bevor wir unseren Rundgang beenden, werfen wir noch einen letzten Blick auf den See: im Hintergrund Weidengebüsch, davor Schilfröhricht mit einzelnen Sumpfschwertlilien und direkt uns gegenüber ein Teppich zartblühender Wasserfedern.

HINWEISE

Im Frühjahr veranstaltet der NABU vogelkundliche Kurzwanderungen, auf denen auch andere Tiere beobachtet werden können. Information: www.hamburg.nabu.de, Telefon (040) 697 08 90. *Von drei Aussichtskanzeln rund um den großen Moorteich hat man gute Einblicke in den zentralen Bereich des Naturschutzgebiets.*

EIGENE BEOBACHTUNGEN

SCHWIERIGES VERHÄLTNIS – KATZEN UND VÖGEL

Hauskatzen rangieren als Heimtiere in der Beliebtheitsskala ganz oben. Mehr als sieben Millionen von ihnen leben in Deutschland, und längst nicht alle stehen unter der Obhut des Menschen. Nach Schätzungen streunen fast zwei Millionen wild lebende Katzen herrenlos umher. Doch auch die anderen Stubentiger halten sich nicht nur in Wohnungen und Häusern auf, sondern treiben sich vielfach im Freien herum. Wie ihre verwilderten Artgenossen gehen sie auf die Pirsch und erbeuten Vögel, aber auch andere Wildtiere wie größere Insekten, Amphibien, Reptilien und Kleinsäuger. In Hamburg ist die Zahl der Katzen besonders groß. Da es hier, vor allem in den Gärten, meist auch eine hohe Singvogeldichte gibt, ist für diese Beutegreifer der Tisch immer reich gedeckt. Ihre Jagd auf Amseln, Finken, Rotkehlchen, Meisen und andere Gartenvögel führt deshalb regelmäßig zu Verstimmungen zwischen Katzenhaltern und Vogelfreunden.

Unsere Hauskatze stammt von der ägyptischen Falbkatze ab, einer Wildkatze. Trotz jahrtausendelanger Domestikation ist sie ein Raubtier geblieben und hat viele Eigenschaften ihrer wilden Stammform bewahrt. So lassen Katzen das Mausen nicht, auch wenn sie gut mit Futter versorgt sind und es eigentlich nicht nötig hätten, auf Nahrungssuche zu gehen. Ihrem Jagdinstinkt folgend, durchstreifen sie größere Reviere und fangen am liebsten Mäuse.

Aber auch Singvögel gehören zum Beutespektrum. Wie das Institut für Haustierkunde der Universität Kiel ermittelt hat, machen sie immerhin gut zwanzig Prozent des Gesamtfangs aus. Doch längst nicht alle Opfer werden gefressen. Das Anpirschen und Ergreifen der Beute dient neben dem Nahrungserwerb auch dem Ausleben des Spieltriebs und bei Jungkatzen dem Einüben des Jagdverhaltens.

Weil die Vögel in der Hansestadt einem starken Feinddruck ausgesetzt sind, stehen sie unter Stress. Dabei spielen neben Rabenvögeln, Greifen, Eulen und Säugetieren wie Eichhörnchen und Marder die Hauskatzen als Fressfeinde eine nicht unerhebliche Rolle. Wie andere Beutegreifer vermeiden auch sie einen energiezehrenden Jagdaufwand. Deshalb erbeuten sie meist nur häufig vorkommende Arten wie Amseln und Meisen. Junge sowie durch Alter oder Krankheit geschwächte Vögel sind besonders leichte Beute. Entscheidender Faktor für die Stabilität der Vogelpopulationen ist allerdings nicht die Zahl ihrer Feinde, sondern die Lebensraumqualität. Wo ausreichend Futter, Nist- und Versteckmöglichkeiten vorhanden sind, können sich die Vögel erfolgreich fortpflanzen und Verluste durch Beutegreifer einschließlich der Katzen meist gut verkraften.
Wer Katzen liebt und einen Garten hat, kann einiges tun, damit sich die Zahl der getöteten Gartenvögel in Grenzen hält. Ein wirksames Mittel ist es, den Garten naturnah zu gestalten. Heimische Stauden, Sträucher und Bäume bieten den Vögeln viele Versteckmöglichkeiten. Auf einem kurz geschorenen Rasen stehen Amsel, Drossel, Fink und Star dagegen wie auf dem Präsentierteller und laden Katzen geradezu dazu ein, Beute zu machen. In einem Ökogarten finden natürlich auch andere Wildtiere wie etwa Molche, Frösche, Eidechsen oder Blindschleichen Schutz vor jagenden Katzen. Um Katzen von Nestern in Bäumen fernzuhalten, lassen sich den Stämmen etwa fünfzig Zentimeter breite Abwehrmanschetten aus Blech oder Kunststoff anlegen. Gut sind auch Brombeerranken, die außerdem nichts kosten. Auf Stacheldraht sollte man verzichten, denn daran könnten sich die Katzen, aber auch andere »Vogelliebhaber« wie Eichhörnchen oder Marder gefährlich verletzen. Nistkästen sollte man so aufhängen, dass Katzen keinen Zugang haben: an Fassaden oder freihängend an Seitenästen und mindestens zwei Meter über dem Boden. Besonders katzensicher sind Nistkästen mit steilem, glattem Dach, da sie keinen Halt bieten. Futterhäuschen und Vogeltränken sollten mindestens zwei Meter vom nächs-

ten Gebüsch entfernt stehen, sodass sich Katzen nicht unbemerkt anschleichen können. Empfehlenswert ist es, die Katze in den Frühlingsmonaten April und Mai nicht nach draußen zu lassen. Sonst fällt ihr so mancher hilflose Jungvogel zum Opfer.

Da Hauskatzen bei ihrer Beutesuche größere Gebiete durchstreifen, machen sie natürlich nicht an Gartengrenzen halt. Dann ist es gut, mit dem Nachbarn ins Gespräch zu kommen. Vielleicht besitzt er ja auch eine Katze und ist noch nicht so gut über die Problematik informiert. Schutzmaßnahmen Einzelner sind zwar nicht für die Katz, aber nur wenn möglichst zahlreiche Gartenfreunde – ob Katzenhalter oder nicht – den Vögeln helfen, fallen weniger von ihnen den Hauskatzen zum Opfer.

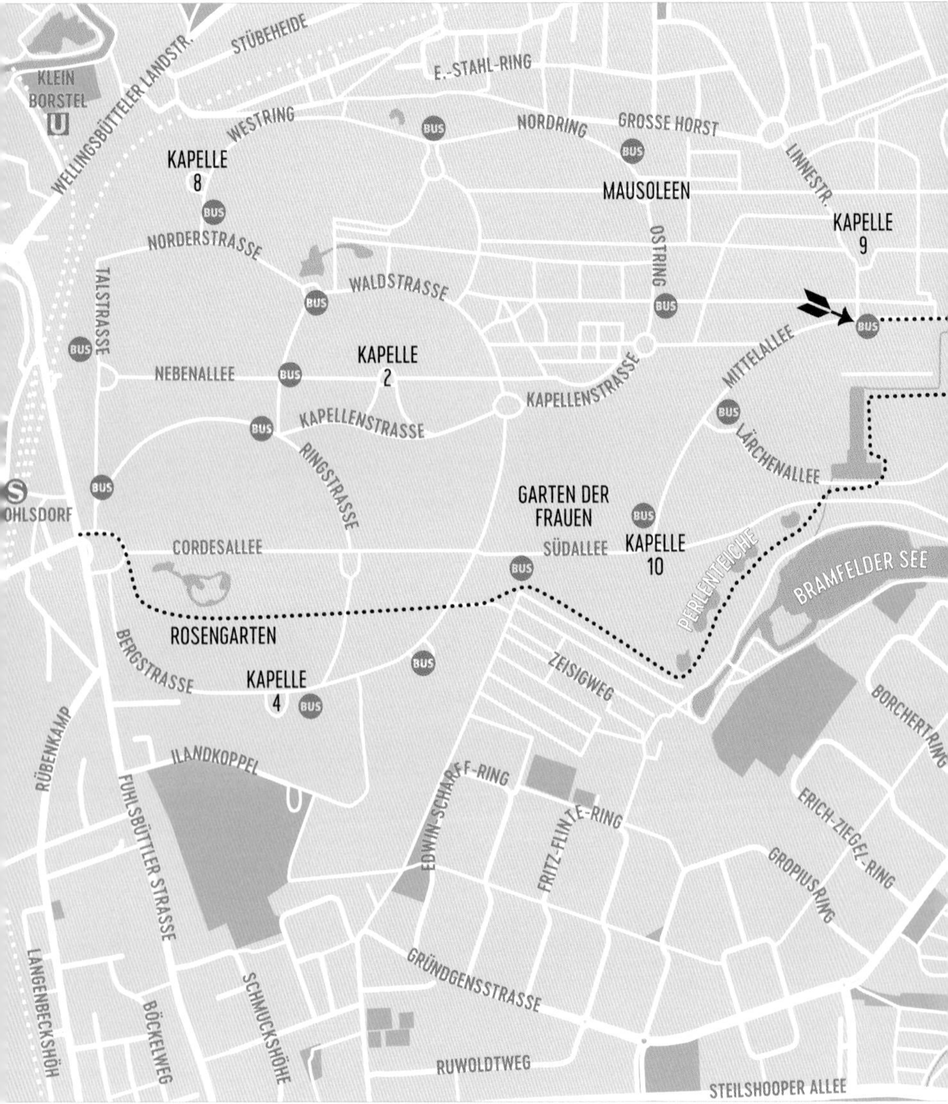

KLEIN
BORSTEL
U
STÜBEHEIDE
WELLINGSBÜTTELER LANDSTR.
E.-STAHL-RING
WESTRING
NORDRING
GROSSE HORST
LINNESTR.
KAPELLE
8
MAUSOLEEN
KAPELLE
9
NORDERSTRASSE
OSTRING
TALSTRASSE
WALDSTRASSE
MITTELALLEE
KAPELLE
2
NEBENALLEE
KAPELLENSTRASSE
KAPELLENSTRASSE
LÄRCHENALLEE
RINGSTRASSE
S
OHLSDORF
GARTEN DER
FRAUEN
CORDESALLEE
SÜDALLEE
KAPELLE
10
PERLENTEICHE
BRAMFELDER SEE
ROSENGARTEN
BERGSTRASSE
ZEISIGWEG
KAPELLE
4
BORCHERTRING
RÜBENKAMP
ILANDKOPPEL
EDWIN-SCHARFF-RING
FRITZ-FLINTE-RING
ERICH-ZIEGEL-RING
FUHLSBÜTTLER STRASSE
GROPIUSRING
LANGENBECKSHÖH
SCHMUCKSHÖHE
BÖCKELWEG
GRÜNDGENSSTRASSE
RUWOLDTWEG
STEILSHOOPER ALLEE

OHLSDORFER FRIEDHOF

»Die Freude und Sehnsucht nach der Natur berechtigen besonders die Großstädter, Friedhöfe so weit wie nur möglich mit Baumwerk auszugestalten. Eine Wanderung still unter Bäumen, ein stilles Bankplätzchen unter Bäumen, das ist allgemein der Wunsch.« Von diesen Gedanken hatte sich Johann Wilhelm Cordes leiten lassen, als er den größten Parkfriedhof der Welt anlegte, der auf der Pariser Weltausstellung 1900 mit einem »Grand prix« ausgezeichnet wurde. Mit 391 Hektar und einem ausgedehnten Wegenetz ist der 1877 eröffnete Ohlsdorfer Friedhof auch Hamburgs größte Grünanlage und dient vielen Pflanzen und Tieren als Lebensraum. Er ist umgeben von den Stadtteilen Ohlsdorf, Klein Borstel, Wellingsbüttel, Bramfeld und Steilshoop. Der kunstvoll als Park gestaltete Friedhof ist nicht nur ein Ort für Trauer und Gedenken, sondern wir finden hier auch Ruhe und Besinnlichkeit als Gegengewicht zum pulsierenden Großstadtleben.

EISVOGEL UND ZWERGFLEDERMAUS

Wo Hunderttausende ihre letzte Ruhestätte fanden, geht es äußerst lebendig zu. Hier springt ein Eichhörnchen flink durchs Geäst, dort watschelt

Neun Eingänge, davon fünf nur für Fußgänger. Haupteingang Fuhlsbüttler Straße: U-Bahn (U1) und S-Bahn (S1, S11) bis Ohlsdorf; Buslinien 39, 172, 179 bis Ohlsdorf. Parkmöglichkeiten auf dem Friedhofsgelände.

eine Graugansfamilie im Gänsemarsch zwischen den Grabstellen umher, und über einer ungemähten Blumenwiese gaukeln Schmetterlinge im Sonnenschein. Hecken, Knicks, Wiesen, Wasserflächen und ein wertvoller, über hundertjähriger Baumbestand mit etwa 450 Laub- und Nadelgehölzen sorgen für eine abwechslungsreiche Parkarchitektur. Die Vielfalt der Flechten, die an den Bäumen siedeln, zeigt an, dass die Luft nicht so verschmutzt ist wie in anderen Stadtbereichen. Das Friedhofsgelände ist zwar mit insgesamt 17 Kilometern Fahrstraßen ausgestattet, aber für Durchgangsverkehr gesperrt. Außerdem ist die Geschwindigkeit auf dreißig Stundenkilometer beschränkt. Der naturnah bewirtschaftete Landschaftspark ist Lebensraum für eine artenreiche Tierwelt. Allein 300 Schmetterlingsarten konnten bisher nachgewiesen werden, die meisten davon waren Nachtfalter. Eine Brutvogelkartierung aus dem Jahr 2016 ergab 51 Brutvogelarten. Besonders häufig sind Amseln und Rotkehlchen, besonders selten sind der Uhu und der Eisvogel. 26 Säugetierarten leben auf dem Friedhof, etwa Hase, Fuchs und Eichhörnchen, sogar Rehe wurden schon gesehen. Auch die zu den Säugetieren gehörenden Fledermäuse sind hier zu finden. Die häufigste anzutreffende Art ist die Zwergfledermaus, selten sind Wasserfledermaus und Braunes Langohr.

An einem sommerlichen Spätnachmittag lassen wir die Fuhlsbüttler Straße mit ihrem Feierabendverkehr hinter uns und machen uns durch den Haupteingang auf den Weg in die Weiträumigkeit des Friedhofs. Auf dem Rasen gegenüber der Bushaltestelle hoppelt ein Wildkaninchen, und weit über uns machen drei Mauersegler in atemberaubendem Tempo Jagd auf Fluginsekten. Wir nehmen den Bus der Linie 170 oder 270 und fahren bis zur Haltestelle »Kapelle 9«. Dort geht es ein kurzes Stück die Mittelallee entlang, vorbei an großen, alten Rhododendronbüschen. Als wir zufällig die ledrigen Blätter streifen, hören wir ein zartes Knacken. Es kommt von den vielen aufgescheuchten Rhododendronzikaden. Diese kleinen, grün und orange gefärbten Insekten gelten als Pflanzenschädlinge. Wie ihr Name schon sagt, saugen sie mit Vorliebe die Blattsäfte von Rhododendren. Jetzt erreichen wir einen größeren, rechteckigen Teich, in dessen Mitte sich eine langgezogene Insel befindet. An ihrem Ufer steht ein Graureiher. Er hat seinen Hals eingezogen und schläft. Zwei elegante Höckerschwäne fressen Wasserpflanzen, und auf den Schwimmblättern der Gelben Teichrose sonnen sich Libellen. Wir entdecken sogar eine Rotwangenschildkröte. Vielleicht haben Aquarianer das Reptil ausgesetzt, weil es ihnen zu groß wurde. Auf einer Bank der Insel gegenüber sitzt ein Fotograf. Mit seinem langen Teleobjektiv will er Bilder vom **EISVOGEL** machen, der regelmäßig auf der Insel brütet. Wir nehmen ebenfalls Platz und warten. Und tatsächlich: Dicht über der Wasseroberfläche flitzt ein Vogel in gerader Flugbahn und stößt dabei mehrmals einen kurzen, scharfen Pfiff aus. In der Nachmittagssonne glit-

Eisvogel

EISVOGEL (Alcedo atthis) [KENNZEICHEN] Länge 17–19,5 Zentimeter. Ein spatzengroßer, farbenprächtiger Vogel mit winzigen Beinen, kurzem Schwanz und langem, kräftigen Schnabel. Von oben zeigt das Gefieder je nach Lichteinfall verschiedene Blautöne, etwa blaugrün oder türkisfarben. Von unten leuchtet es rostrot. [LEBENSRAUM] Teiche, Bäche und kleine Flüsse; baut seine Niströhre bevorzugt in natürliche Abbruchufer, brütet aber auch in künstlichen Nisthilfen. [NAHRUNG] Kleine Fische wie Stichlinge oder junge Bachforellen, aber auch Schwimmkäfer, Libellenlarven und andere Wasserinsekten. Weiter zählen Schnecken, kleine Krebse und Frösche zur Nahrung. [SONSTIGES] Der Schwerpunkt der Eisvogelverbreitung in Hamburg befindet sich entlang des Alsterlaufs im Norden der Stadt. Auf dem Ohlsdorfer Friedhof steht auf der Insel im südlichen, rechteckigen Teil des Prökelmoorteiches eine künstliche Brutwand. Sie wird regelmäßig vom Eisvogel genutzt. Auch an den südlich der Mittelallee geometrisch angelegten Teichen wurden schon Eisvögel bei der Nahrungssuche gesichtet.

zert sein Rückengefieder in einem wunderschön metallischen Blau. Nach wenigen Sekunden beendet der kleine Flieger seinen rasanten Flug und landet auf einem kurzen, im Wasser stehenden Holzpfahl. Doch nicht lange, dann stürzt sich der schöne Vogel kopfüber fast senkrecht ins Wasser, um schon im nächsten Moment mit einem kleinen Fisch im Schnabel wieder aufzutauchen und zu seiner Sitzwarte zurückzufliegen. Wegen seiner auffallenden Farben und des schillernden Glanzes wird der Eisvogel im Volksmund auch »fliegender Edelstein« genannt.

Nachdem wir uns »sattgesehen« haben, überqueren wir die Mittelallee und kommen an Baumgräbern vorbei. Wir haben Glück: Auf dem Rasen läuft ein Igel, genauer: ein »Braunbrustigel«. Er frisst allerdings kein Gras wie das Wildkaninchen, sondern lieber Insekten und Schnecken. Entlang des dicht bewachsenen Moorkampgrabens geht es jetzt zu zwei streng geometrisch angelegten Teichen. Auf einem Schilfblatt sitzt eine Streckerspinne. Mit ihren zwei nach vorn und zwei nach hinten gestreckten langen Beinpaaren macht sie sich ganz schmal und ist so sehr gut getarnt. Da! Dicht über dem Ufer fliegt eine große Libelle mit blauen und grünen Flecken auf ihrem Hinterleib. Es ist die **BLAUGRÜNE MOSAIKJUNGFER**. Jetzt steuert sie direkt auf uns zu. Aber keine Angst: Libellen haben keinen Stachel! Früher glaubten manche daran und bezeichneten sie deshalb als »Teu-

BLAUGRÜNE MOSAIKJUNGFER (Aeshna cyanea) [KENNZEICHEN] Flügelspannweite 9,5–11 Zentimeter. Das Männchen hat hellblaue Augen und einen schwarzen Hinterleib mit grünen und blauen Flecken. Die Augen des Weibchens sind olivgrün. Sein Hinterleib ist braun und besitzt hellgrüne Flecken. [LEBENSRAUM] Stehende Gewässer aller Art. Kann auch an Gartenteichen beobachtet werden. [NAHRUNG] Mücken, Bremsen und andere Fluginsekten. [SONSTIGES] Die Blaugrüne Mosaikjungfer ist recht häufig. Sie fliegt von Juli bis Oktober. Das Männchen hat ein eigenes Revier, das es immer wieder abfliegt und gegen Konkurrenten verteidigt. An heißen Sommertagen kann man diese Libelle manchmal sogar mitten in Hamburg zwischen Autos bei der Insektenjagd beobachten.

Blaugrüne Mosaikjungfer (Männchen)

felsnadeln oder »Augenstecher«. Für einen kurzen Moment bleibt die Blaugrüne Mosaikjungfer rüttelnd in der Luft stehen. Sie scheint uns mit ihren großen Facettenaugen »neugierig« anzuschauen. Doch dann dreht sie ab und fliegt in Gegenrichtung davon, wieder am Ufer entlang. Schon bald kommt die Libelle zurückgeflogen. Es ist das Männchen, das regelmäßig das Ufer des Teiches entlangpatrouilliert, um ein paarungsbereites Weibchen zu finden. Die Blaugrüne Mosaikjungfer besitzt ein sehr großes Jagdrevier, und deshalb kann man sie auch weitab von ihrem Gewässer beim Insektenfang beobachten. Wie »neugierig« diese Libelle ist, zeigt sich auch daran, dass sie keine Scheu hat, durch ein geöffnetes Fenster in die Wohnung zu fliegen.

Blaugrüne Mosaikjungfer (Weibchen)

Wir stoßen auf das Grabmal-Freilichtmuseum, halten uns rechts und gelangen nach einigen Schritten an einen kleinen, idyllisch gelegenen Teich. Es ist einer von sechs Teichen, die wie Perlen an einer Schnur aufgereiht sind und deshalb als »Perlenteiche« bezeichnet werden. Mehrere Stockenten sind dabei, die kleinen grünen Blättchen der Wasserlinse, auch »Entengrütze« oder »Entenflott« genannt, zu fressen. Beim nächsten Teich steht ein Schöpftrog. Friedhofsbesucher können sich hier Wasser für die Grabbepflanzung holen. Auf der glatten Wasseroberfläche entdecken wir ein paar Wasserläufer. Vielleicht sind sie vom Teich hierhergeflogen? Jetzt weckt eine klitzekleine **ERDKRÖTE** unsere Neugier. Dass sie eine Kröte ist und kein Frosch, erkennen wir an ihrer warzigen Haut. Die Erdkröte hüpft in Mini-Sprüngen über den Weg und verschwindet unter einem Rhododendron. Dieser daumennagelgroße Lurch lebte einige Wochen als Ei und Kaulquappe im Wasser und will nun seinen neuen Lebensraum an Land erkunden. Den Tag verbringt die dämmerungsaktive Erdkröte versteckt unter Bodenlaub, Gebüschen und sogar in selbst gegrabenen Erdlöchern. Wenn es dunkler wird, macht sie sich auf die Suche nach Würmern, Schnecken und Insekten. Dass wir nur eine junge Erdkröte sehen und nicht viele, liegt wahrscheinlich an der recht trockenen Luft. Nach einem gewittrigen Schauer können diese feuchtigkeitsliebenden Jungkröten auch in Massen beobachtet werden. Es sieht dann so aus, als hätte es Kröten geregnet, der Volksmund spricht von einem »Froschregen«. Ist der Boden von diesen Winzlingen übersät, muss man sehr aufpassen, sie nicht zu zertreten. Am letzten der Perlenteiche vorbei, geht es jetzt ein längeres Stück geradeaus, immer am Friedhofszaun entlang. Ein Eichelhäher ruft, und von fern hören wir einen Mäusebussard. Da fliegt ein

Erdkröte

ERDKRÖTE (Bufo bufo) [KENNZEICHEN] Länge 9–11 Zentimeter (ausgewachsene Kröte). Das Weibchen ist größer als das Männchen; bräunliche Oberseite mit vielen warzigen Hautdrüsen, die Unterseite ist weißlich; kupferfarbene Iris. [LEBENSRAUM] Sehr vielfältig. Kommt als Kulturfolger auch in Parks, Gärten und sogar in Hinterhöfen und feuchten Kellern vor. [NAHRUNG] Regenwürmer, Schnecken, Spinnen, Tausendfüßer und Insekten, besonders gern Ameisen und Käfer. [SONSTIGES] Im März und April kann in Hamburg an einigen Stellen die Wanderung zahlreicher Erdkröten von ihren Winterquartieren zu den Laichgewässern beobachtet werden (z.B. im Naturschutzgebiet »Die Reit«).

Admiral

Schmetterling! Einige Meter vor uns setzt er sich auf den Weg und breitet seine Flügel aus. Wir nähern uns vorsichtig und betrachten diesen schönen Falter. Besonders auffallend sind die breiten roten Streifen auf seinen Flügeln. Es ist ein **ADMIRAL**, der sich hier sonnt. Er liebt die Wärme. Wird es ihm im Herbst zu kühl, macht er es wie die Zugvögel und fliegt in den Süden. Wie alle Schmetterlinge ist auch der Admiral ein Verwandlungskünstler. Vor seinem Falterleben war er zuerst einmal ein kleines Ei, dann eine gefräßige Raupe und schließlich eine feste Puppe. Diese wundersame Verwandlung, auch Metamorphose genannt, hat die Menschen seit jeher fasziniert. Das Ausschlüpfen des Schmetterlings aus der beengenden Puppenhülle verglichen die alten Griechen mit der Befreiung der Seele von den Fesseln des Körpers. Deshalb sind auf manchen Grabsteinen Schmetterlingsdarstellungen zu sehen. Hier auf dem Ohlsdorfer Friedhof gibt es sogar zwei Schmetterlingsgärten mit jeweils mehreren Schmetterlingsgrabstätten. Einer davon liegt ganz in der Nähe des Teiches, wo wir vorhin den Eisvogel beobachten konnten. Dort blüht auch der Schmetterlingsflieder. An

ADMIRAL (Vanessa atalanta) [KENNZEICHEN] Flügelspannweite 5–6 Zentimeter; dunkelbraune Flügeloberseiten. Auffallend sind die breiten roten Streifen in der Mitte der Vorderflügel und am Rand der Hinterflügel. Markant sind auch die kleinen und großen weißen Flecken auf den Spitzen der Vorderflügel. [LEBENSRAUM] Lichte Wälder, Parks, Gärten und verschiedene andere Biotope, wo die Raupenfutterpflanzen wachsen. [NAHRUNG] Der Schmetterling ernährt sich vom Nektar unterschiedlicher Pflanzen. Die braun bis schwarz gefärbte stachelige Raupe frisst bevorzugt Brennnesseln. [SONSTIGES] Der Admiral ist noch recht häufig und kann auch in der Hamburger Innenstadt beobachtet werden. Wie das Tagpfauenauge und andere Schmetterlinge sitzt er im Spätsommer gern auf Fallobst im Garten und saugt von den gärenden Fruchtsäften.

warmen Sommertagen sind seine Blütenstände dicht mit Faltern besetzt. Dann können wir das Tagpfauenauge, den Kleinen Fuchs, den Kohlweißling oder den Admiral ganz aus der Nähe erleben.
Wir gelangen in ein Wäldchen mit uralten Kiefern. Zwischen den langen Stämmen ist rechts der weiße Wasserturm zu sehen. Zart singt ein Sommergoldhähnchen, und zwei flinke Eichhörnchen springen von Ast zu Ast. Auf einem Brombeerblatt sitzt eine Fliege mit goldgrün glänzendem Körper, eine Goldfliege. Da sehen wir wieder eine Blaugrüne Mosaikjungfer. Ob das dasselbe Exemplar ist, das wir vorhin beobachtet haben und das hier fernab vom Wasser nach Insekten jagt? Wir verlassen das Kiefernwäldchen und gehen immer geradeaus in Richtung Rosengarten. Vor einem Grabstein bleiben wir stehen und freuen uns über das Beet davor mit den vielen roten Fleißigen Lieschen. Doch was ist das? Zwischen den Pflanzen sitzt eine **RÖTELMAUS**, die gerade dabei ist, an einem Blütenstiel zu knabbern. Jetzt klettert sie mit der roten Blüte im Maul auf den Sockel des Grabsteins und bleibt dort kurz sitzen. Schließlich verschwindet der kleine Nager mit seiner ungewöhnlichen Beute im Mauseloch. Eigentlich stehen Blüten ja nicht unbedingt auf dem Speisezettel der Rötelmaus. Aber vielleicht will

Rötelmaus

RÖTELMAUS (Myodes glareolus) [KENNZEICHEN] Länge (ohne Schwanz) 7–13 Zentimeter. Der Schwanz ist etwa halb so lang wie der Körper; Rücken rotbraun, Flanken graubraun und Bauch hellgrau. [LEBENSRAUM] Bevorzugt schattige und feuchte Biotope, etwa Mischwälder, Erlenbrüche oder Hecken. [NAHRUNG] Keimlinge, Gräser, Kräuter, Pilze, Moose, Früchte, Samen, auch Baumrinde. Würmer, Insekten und Spinnen. [SONSTIGES] Diese auch am Tag aktive Maus ist in Hamburg weitverbreitet. Schwerpunkte ihres Vorkommens sind der Duvenstedter Brook, das Niendorfer Gehege und Forst Klövensteen. Wenige Nachweise liegen für die Innenstadt und den Hafen vor.

Zwergfledermaus

unsere mal etwas Neues probieren. Rötelmäuse sind nicht wählerisch und fressen, was sich ihnen bietet: im Frühjahr gern Keimlinge oder Gräser, im Herbst auch Pilze und Beeren. Sie bevorzugen pflanzliche Kost. Für ihren Nachwuchs brauchen sie allerdings auch eiweißreiches Futter wie Würmer, Insekten oder Spinnen. Rötelmäuse gehen nicht nur am Boden auf Nahrungssuche, sie klettern auch auf Sträucher und Bäume, um dort im Geäst nach Samen und Früchten Ausschau zu halten. Für die kalte Jahreszeit legen Rötelmäuse unterirdische Nahrungsvorräte aus Eicheln und Bucheckern an. Im Winter fressen sie sogar die Rinde von Bäumen. Das kann dann bei zahlreichem Auftreten dieser Nager zu Forstschäden führen.

Langsam nähern wir uns dem Rosengarten. Ein junges Rotkehlchen hüpft geschwind über den Weg. Ihm fehlt allerdings noch die rote Kehle. Kurz vor unserem Ziel sehen wir rechts ein großes Beet mit vielen bunten Blumen. Hummeln, Schwebfliegen, Schmetterlinge und andere Insekten finden hier reichlich Nektar. Auch links blüht es in vielen Farben. Hier

ZWERGFLEDERMAUS (Pipistrellus pipistrellus) [KENNZEICHEN] Länge bis zu 5 Zentimeter, Flügelspannweite bis zu 25 Zentimeter; passt mit angelegten Flügeln in eine Streichholzschachtel und wiegt wenig mehr als ein Stück Würfelzucker. Fell: oben rotbraun, unten gelbbraun. [LEBENSRAUM] Lebt vor allem im Siedlungsbereich. Dort findet sie Unterschlupf in Spalten und Nischen an Gebäuden, etwa Fensterläden, Wandverkleidungen oder Dachpfannen. [NAHRUNG] Nachtfalter und andere nachtaktive Fluginsekten. [SONSTIGES] Die Zwergfledermaus ist ein Kulturfolger. Sogar in Hamburgs Innenstadt konnten einzelne Exemplare nachgewiesen werden. Auf dem Ohlsdorfer Friedhof ist die Zwergfledermaus die häufigste Art. An zweiter Stelle steht der Große Abendsegler.

hat die Deutsche Wildtierstiftung einen kleinen Lebensraum speziell für Wildbienen gestaltet. Mit Barbarakraut, Wegwarte, Malve und weiteren Pflanzen will man diese kleinen, wichtigen Blütenbestäuber anlocken. Jetzt sind wir im Rosengarten angelangt und setzen uns auf eine Bank. Schön ist es hier: Ein Rosenmeer im milden Abendlicht, umgeben von meterhohen Rhododendren und alten Bäumen. Beeindruckend ist auch das große Cordes-Denkmal. Wilhelm Cordes war der erste Direktor des Ohlsdorfer Friedhofs. Wie wir so die Stimmung genießen, flattert plötzlich eine Fledermaus lautlos über uns hinweg. Sie ist ziemlich klein. Es dürfte sich wohl um eine **ZWERGFLEDERMAUS** handeln. Vielleicht wohnt sie ja im Fledermauskasten, der nicht weit von uns am Stamm einer Buche hängt. Die Zwergfledermaus ernährt sich von Insekten, die sie vor allem nachts jagt. Ihre Beute findet sie mithilfe von Echo-Ortung. Dazu gibt sie Töne im Ultraschallbereich ab, die von Nachtfaltern und anderen Fluginsekten zurückgeworfen und von den äußerst sensiblen Ohren der Zwergfledermaus wahrgenommen werden. Anhand dieser Reflektionen erkennt sie die Lage und Größe ihrer Beute. Mittels sogenannter Bat-Detektoren können wir die Ultraschall-Laute der Zwergfledermaus auch für uns hörbar machen. Biologen fiel einmal beim Abhören von Zwergfledermaus-Rufen auf, dass einige Laute etwas höher klangen. Wie sich herausstellte, stammten sie von der Mückenfledermaus, einer bis dahin noch völlig unbekannten Art. Sie ist sogar noch etwas kleiner als die Zwergfledermaus.

Jetzt müssen wir uns langsam auf den Rückweg machen, denn der Friedhof schließt um 21 Uhr seine Pforten. Doch kurz vor dem Ausgang überrascht uns noch ein wundersam unbewegtes Reh. Es ist leider nur eine leblose Skulptur aus Stein. Aber im Ohr dieser Figur entdecken wir doch noch etwas Lebendiges: eine kleine Schnirkelschnecke.

HINWEISE

➤ Von April bis Juni veranstaltet der NABU vogelkundliche Spaziergänge auf dem Ohlsdorfer Friedhof. Im Sommer gibt es auch einzelne Führungen zu Schmetterlingen und Fledermäusen. Einzelheiten sind unter der Telefonnummer www.hamburg.nabu.de, (040) 6970890, zu erfragen. ➤ Öffnungszeiten des Friedhofs: April bis Oktober 8 bis 21 Uhr, November bis März 8 bis 18 Uhr täglich. ➤ Informationshaus beim Haupteingang: täglich (außer Mittwoch) 8 bis 16 Uhr; kostenloses Informationsmaterial (z.B. ein Friedhofsplan). ➤ Museum: montags, donnerstags und sonntags 10 bis 14 Uhr und nach Vereinbarung; Eintritt frei. ➤ Auf dem Friedhof verkehren die Buslinien 170 und 270. ➤ Der Förderkreis Ohlsdorfer Friedhof e.V. (www.fof-ohlsdorf.de, Telefon (040) 50053387) veranstaltet geführte Rundgänge zu verschiedensten Themen. ➤ Hunde sind auf dem Ohlsdorfer Friedhof nicht zugelassen.

EIGENE BEOBACHTUNGEN

TEUFELSNADELN OHNE STACHEL – LIBELLEN

Blutrote Heidelibelle

Libellen sind zwar wunderschöne Tiere, doch ganz geheuer scheinen sie trotzdem nicht jedem zu sein. Hartnäckig hat sich bis heute der Irrglaube gehalten, sie könnten stechen. Aber Libellen besitzen gar keinen Stachel und sind deshalb auch keine »Teufelsnadeln« oder »Pferdestecher«, wie man sie früher gern nannte. Libellen sind sogar recht nützlich, denn sie halten uns stechende Plagegeister wie Mücken und Bremsen vom Leib.

Schon vor 320 Millionen Jahren flogen die Vorfahren unserer heutigen Libellen durch die Sumpfwälder der Steinkohlezeit. Manche hatten Flügelspannweiten von bis zu sechzig Zentimetern. Aus der folgenden erdgeschichtlichen Periode, dem Perm, sind sogar Libellen mit Spannweiten von 75 Zentimetern in Versteinerungen überliefert.

Inzwischen sind die Libellen ein gutes Stück geschrumpft. Die heutigen weltweit etwa 5000 Libellenarten weisen Flügelspannweiten von zwei bis 15 Zentimetern auf. In Aussehen und Bau ähneln sie den zur Zeit der Dinosaurier vor rund 150 Millionen Jahren lebenden Arten. Libellen sind also sehr ursprünglich gebliebene Insekten.

In Hamburg leben rund sechzig Libellenarten, die teils zu den Klein- und teils zu den Großlibellen gehören. Abgesehen von der geringeren Größe haben Kleinlibellen einen schlanker anmutenden Körper. Sitzen sie auf einem Zweig oder Blatt, sind ihre vier Flügel zusammengeklappt, während Großlibellen ihre Flügel auch im Sitzen ausgebreitet lassen.

Hufeisen-Azurjungfer

Das Leben der Libellen ist nur in Wassernähe möglich, da ihre Larven nur dort existieren können. Die Ansprüche an den feuchten Lebensraum sind dabei sehr verschieden. Die meisten Libel-

Vierfleck

lenarten finden sich an stehenden Gewässern wie Tümpeln, Teichen und Seen. Stillgewässerarten sind etwa die Blaugrüne Mosaikjungfer, der Große Blaupfeil und die Blutrote Heidelibelle. Auch an größeren, naturnah gestalteten Gartenteichen lassen sich manchmal Libellen beobachten, etwa die Hufeisen-Azurjungfer und die Große Pechlibelle. Kleiner ist die Zahl der an das Leben in der Nähe von Fließgewässern angepassten Arten. Dazu gehört beispielsweise die Gebänderte Prachtlibelle. Die sauren, extrem nährstoffarmen Moorgewässer bieten nur wenigen Libellenarten eine Existenzmöglichkeit, wie etwa der Torf-Mosaikjungfer.

Die in vielen Farben geschmückten grazilen Libellen sind ausgesprochene Flugkünstler. Das gilt besonders für die Großlibellen. Sie können wie ein rüttelnder Vogel in der Luft stehen, wie ein Segelflugzeug dahingleiten, auf bis zu fünfzig Stundenkilometer beschleunigen und abrupt die Flugrichtung ändern. Manche Arten können sogar rückwärts fliegen. Eine kräftige, direkt an den Flügeln ansetzende Flugmuskulatur und die Fähigkeit, die beiden Flügelpaare unabhängig voneinander zu bewegen, ermöglichen diese beeindruckenden Luftmanöver.

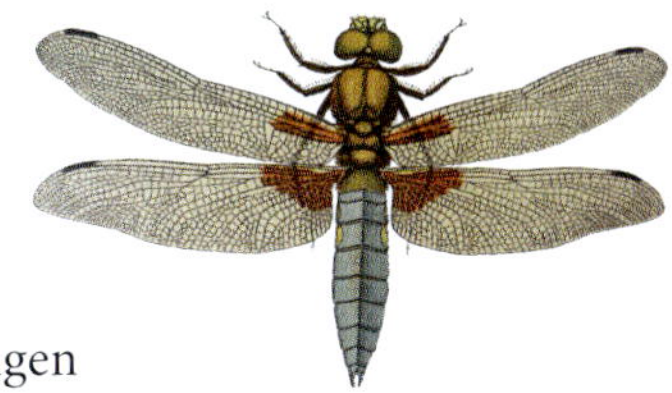

Plattbauch

Libellen sind Raubinsekten. In der Luft jagen sie nach Fliegen, Mücken und sogar Libellen kleinerer Arten, um ihre Beute dann oft schon im Fluge mit ihren Mundwerkzeugen zu verzehren. Ihre optimale Orientierung im Luftraum wird durch die beiden, einen großen Teil des Kopfes ausmachenden, aus bis zu 30 000 Einzelaugen zusammengesetzten Komplex- oder Facettenaugen ermöglicht. Diese besitzen ein hohes zeitliches Auflösungsvermögen, wodurch die Libellen sich schnell bewegende Beutetiere hervorragend erkennen und verfolgen können. Ihre Opfer ergreifen sie dann mit ihren nach

vorn gerichteten, einen Fangkorb bildenden drei bedornten Beinpaaren.
Der Paarungsverlauf der Libellen ist kompliziert und erfordert hohe Beweglichkeit. Da beim Libellenmännchen das Begattungsorgan unten am zweiten und dritten Hinterleibssegment, die samenproduzierenden Keimdrüsen aber an der Bauchseite des neunten Hinterleibssegments liegen, muss es vor der Begattung sein Begattungsorgan erst einmal mit Samen füllen. Dazu biegt es den Hinterleib so weit nach vorn, dass seine Genitalöffnung das Begattungsorgan erreicht, und füllt dessen Samenblase mit Sperma. Im Flug ergreift das Männchen dann mit seinen am Hinterleibsende sitzenden Zangen den Kopf eines Weibchens und bildet mit ihm eine Paarungskette; man spricht auch von einer »Tandembildung«. So verbunden fliegt das Paar noch eine Weile umher, um sich schließlich im Fluge oder im Sitzen zu paaren: Das Weibchen biegt seinen Hinterleib nach vorne und verankert die Genitalöffnung am Begattungsorgan des Männchens – das faszinierende herzförmige Paarungsrad ist entstanden.

Großer Blaupfeil

Nach der Hochzeit erfolgt die Eiablage. Dabei bedienen sich die einzelnen Libellenarten ganz unterschiedlicher Strategien. So wirft die Blutrote Heidelibelle ihre Eier schon in Tandemstellung über der Wasseroberfläche ab. Dagegen entlässt das Weibchen des Großen Blaupfeils seine Eier erst dann mit sanft wippenden Flugbewegungen ins Wasser, wenn es vom Männchen getrennt ist. Dieses bewacht den Vorgang und vertreibt herannahende Konkurrenten aus seinem Revier. Ganz ohne männliche Begleitung deponiert das Weibchen der Großen Königslibelle seine Eier mit einem Legebohrer im Gewebe von Wasserpflanzen.
Aus den Eiern schlüpfen noch im selben oder erst im folgenden Jahr sogenannte Vorlarven mit unbeweglichen Gliedmaßen. Innerhalb kurzer Zeit entwickeln sich diese Vorlarven dann zu Larven weiter. Die räuberisch lebenden

Libellenlarven lauern am Grund der Gewässer oder zwischen Wasserpflanzen auf Mückenlarven, Bachflohkrebse oder sogar kleinere Kaulquappen. Ihre Beute ergreifen sie mit einer jäh vorschnellenden Fangmaske. Dieses zweigliedrige, am Ende mit einem Paar beweglicher Dornen bewaffnete Greiforgan ist eine abgewandelte »Unterlippe«. Es heißt so, weil es, in Ruhestellung zusammengeklappt, die übrigen Mundwerkzeuge der Larven wie eine Maske bedeckt.

Blaugrüne Mosaik-Jungfer

Je nach Art häuten sich Libellenlarven bis zu dreizehnmal. Die Gesamtentwicklungszeit liegt zwischen einigen Monaten und fünf Jahren. Meist in den frühen Morgenstunden klettern die ausgewachsenen Larven an Stängeln oder Blättern aus dem Wasser und häuten sich zum letzten Mal. Die geschlüpften Libellen treten dann nach kurzer Zeit ihren Jungfernflug an. Ihr Leben währt im Gegensatz zu dem der Larven nur wenige Wochen.

Von den sechzig in Hamburg vorkommenden Libellenarten sind über sechzig Prozent gefährdet. Dazu gehören beispielsweise die Kleine Mosaikjungfer und die Mond-Azurjungfer. Manche Arten wie etwa die Zwerglibelle oder der Kleine Blaupfeil sind bereits ausgestorben. Ursache für die starken Bestandsrückgänge ist die Veränderung und Zerstörung der libellentypischen Lebensräume. Moore und andere Feuchtbiotope werden trockengelegt, Flüsse begradigt, Uferbereiche zertrampelt. Die starke Zunahme von Gartenteichen hilft nur wenigen Arten. Wichtige Schutzmaßnahmen für Libellen sind ein Verzicht auf Pestizide und Dünger, besonders in Gewässernähe, sowie die Renaturierung von Bächen und Seen. Doch auch Gartenteichbesitzer können etwas für die Libellen tun, indem sie beispielsweise für natürlichen Uferbewuchs sorgen und auf den Besatz mit Goldfischen verzichten. Diese fressen nämlich gern Libellenlarven, und ihr Kot überdüngt das Wasser.

Große Pechlibelle

WULKSFELDER WEG
WIEMERSKAMPER WEG
MOORWEG
WIEMERSKAMPER WEG
FÖRSTERHAUS
DUVENSTEDTER TRIFTWEG
BROOKHUS
DUVENST. TRIFTWEG
HERRENHAUSALLEE
BRÜGKAMP
MOORDAMM
KUPFERREDDER

DUVENSTEDTER BROOK

Das Naturschutzgebiet Duvenstedter Brook liegt auf Ohlstedter und Wohldorfer Gebiet. Es erstreckt sich auch nach Schleswig-Holstein hinein. Seine abwechslungsreiche Landschaft entstand nach der letzten Eiszeit, die vor etwa 15 000 Jahren zu Ende ging. Die abschmelzende Eisdecke, unter der Schmelzwasserseen entstanden waren, hinterließ zwei Teilbereiche: Im Nordwesten bildeten sich meterdicke nährstoffarme Sandböden über tonhaltigen Stauseeablagerungen. Im südöstlichen Teil überwiegen fruchtbare Lehmböden. Nach Versickern der Stauseen im aufgetauten Boden blieben seichte Weiher übrig. Diese verlandeten allmählich und ließen Moore und Sümpfe entstehen. Die langsame Erwärmung bot Zwergstrauchheiden, Birken-, Kiefern-, Erlenbruch- und Eichenmischwäldern günstige Lebensbedingungen. Später kamen andere Baumarten wie Rotbuche, Hainbuche und Ahorne hinzu. Immer wieder veränderte der Mensch das Landschaftsbild. Im Mittelalter holzte er großflächig ab, um Bau- und Brennmaterial zu gewinnen. Als das Brennholz ausging, heizte er mit Torf und zerstörte damit viele Moorflächen. Die Menschen trieben ihre Rinder

Der Duvenstedter Brook liegt im äußersten Nordosten Hamburgs. S-Bahn (S1, S11) bis Poppenbüttel, von dort mit der Buslinie 276 bis zum Duvenstedter Triftweg, dann noch zwanzig Minuten Fußweg bis zum Duvenstedter BrookHus, dem Informationshaus des NABU; U-Bahn (U1) bis Ohlstedt, von dort drei Kilometer zu Fuß oder mit dem Fahrrad (über Alte Dorfstraße, Timms Hege, Kupferredder) bis zum Duvenstedter BrookHus. Parkplatz gegenüber dem BrookHus (Ecke Duvenstedter Triftweg/Wiemerskamper Weg).

und Schweine in die zur allgemeinen Beweidung freigegebenen Waldreste (Allmende), was zu Änderungen in der Pflanzenzusammensetzung führte. Das Weidevieh fraß mit Vorliebe die Triebe von Linde, Ulme und Ahorn. Es verschmähte ungenießbare Pflanzen wie Brombeere, Weißdorn, Ilex und Holunder. Bis in das 19. Jahrhundert hinein wurde der westliche Teil als Allmende genutzt, sodass sich auf seinen nährstoffarmen Sandböden kein Wald mehr behaupten konnte. Hier dehnten sich Heideflächen aus. In den 1920er Jahren wandelte man rund 230 Hektar Heide-, Sumpf- und Moorflächen in landwirtschaftliche Nutzflächen um. In den 1970er Jahren begann die Wiederbelebung der ehemals sehr abwechslungsreichen Landschaft. Durch Rückstaumaßnahmen, Zuschütten von Entwässerungsgräben und Renaturierung von Bachläufen gelang es, den ursprünglichen Zustand weitgehend wiederherzustellen. Moose wuchsen wieder, Bruchwald nahm zu und neue Feuchtwiesen entstanden. Vielen Birken dagegen wurde es zu nass: Sie starben ab.

HASE UND RINGELNATTER

Der Duvenstedter Brook mit seinen unterschiedlichen Biotopen ist Heimat für eine entsprechend vielfältige Tierwelt. Der aufmerksame Naturfreund macht hier manch spannende Beobachtung. Ein lautes Froschkonzert am Teich oder eine Ringelnatter auf dem Weg sind ebenso faszinierend wie ein gut getarnter Nachtschmetterling auf einem Blatt oder zwei kämpfende Feldhasen auf der Wiese. Allein 32 Libellenarten und 33 Tagfalterarten sind im Duvenstedter Brook zu finden, etwa die Große Pechlibelle oder der Aurorafalter. Die Feuchtlebensräume sind Heimat für zehn Amphibienarten. So ist beispielsweise die Erdkröte hier ebenso zu Hause wie der Laubfrosch und der Teichmolch. Zu den im Brook vorkommenden sieben Reptilienarten gehören unter anderem Ringelnatter, Kreuzotter, Blindschleiche und Waldeidechse. Die Vögel sind mit fast 180 beobachteten Arten besonders gut vertreten. Mit etwas Glück kann der Spaziergänger noch das schöne Blaukehlchen entdecken oder einen Baumfalken bei der Libellenjagd beobachten. Ein Highlight sind die Kraniche. Bis zu 15 Paare dieser majestätischen Vögel brüten in den Feuchtwiesen des Brooks. Von den 38 Säugetierarten sind vielleicht die Rothirsche mit ihrer spektakulären Brunft am auffallendsten. Eher verborgen halten sich dagegen Dachs, Iltis, Mauswiesel, Gelbhalsmaus und Wasserfledermaus.

Aurorafalter

Unweit des BrookHus entdecken wir einen kleinen Teich. Gelb leuchten die Blüten der Sumpfkresse in der hellen Frühlingssonne. Im Uferröhricht kriecht eine kleine Wasserschnecke auf einem Blatt. Libellen wie der Große Blaupfeil oder der Vierfleck jagen nach Fliegen und anderen kleinen Insekten. Ein schönes Tagpfauenauge, ein zarter Bläuling und andere Schmetterlinge verzaubern mit ihren Farben. Uns fällt besonders ein kleinerer Falter auf. Die äußeren Hälften seiner Vorderflügel sind orange gefärbt. Es ist ein **AURORAFALTER**, und zwar das Männchen. Seinen Namen

AURORAFALTER (Anthocharis cardamines) [KENNZEICHEN] Flügelspannweite 3,5–4,5 Zentimeter. Das Männchen hat leuchtend orangefarbene Flecken auf den äußeren Hälften seiner beiden Vorderflügel. Dem Weibchen fehlen diese markanten Kennzeichen. Die graugrünen Raupen ähneln den Samenschoten ihrer Futterpflanzen und sind deshalb gut getarnt. [LEBENSRAUM] Feuchte Wiesen, blühende Ränder lichter Laubwälder. [NAHRUNG] Die Raupen fressen die Samenkapseln des Wiesenschaumkrauts und der Knoblauchsrauke. [SONSTIGES] Der Aurorafalter fliegt von Anfang April bis Juni. Mit dem Projekt »Aurora« setzt sich der NABU Hamburg für den Schmetterlingsschutz in der Hansestadt ein. Er will die Lebensbedingungen für Insekten wie den Aurorafalter verbessern, etwa durch Verzicht auf Insektizide oder durch die Anlage blütenreicher Wiesen in Parks und Grünanlagen.

verdankt dieser leider immer seltener werdende Schmetterling Aurora, der römischen Göttin der Morgenröte. Dem gleich großen Weibchen fehlt allerdings das Orange. Es ist leicht mit anderen Weißlingsarten zu verwechseln. Der Aurorafalter fliegt nur im Frühling. Dann nämlich blühen das Wiesenschaumkraut und die Knoblauchsrauke, die wichtigsten Futterpflanzen für seine kleinen grünen Raupen.
Wo sich der Duvenstedter Triftweg von einer Autostraße in einen asphaltierten Wanderweg verwandelt, befindet sich der Haupteingang zum Naturschutzgebiet. Wir entscheiden uns für den Pfad, der rechts vom Triftweg und parallel dazu an einem offenen Wiesengelände entlangführt. Linker Hand begleitet ein mit Laubbäumen bewachsener Erdwall den Weg, vermutlich ehemals ein Knick. Eine rohe Holzbank lädt dazu ein, einen ruhigen Blick in die Landschaft zu werfen. Ein Turmfalke steht rüttelnd in der Luft und sucht mit seinen scharfen Augen den Boden nach Fressbarem ab. In einiger Entfernung stehen zwei Rehe. Doch die scheuen Tiere bemerken uns und ergreifen geschwind die Flucht. Schade! Zum Trost bekommen wir jetzt aber ein ganz besonderes Schauspiel geboten: Drei **FELDHASEN** jagen sich in wildem Tempo über die weiten Wiesenflächen. Dabei können

FELDHASE (Lepus europaeus) [KENNZEICHEN] Länge 40–70 Zentimeter. Der Feldhase ist gut getarnt: Im Sommer hat er ein erdbraunes Fell, im Winter ist es graubraun. Die Ohren und die Hinterläufe sind besonders lang. Die seitlichen bernsteinfarbenen Augen erlauben dem Feldhasen eine Rundsicht von fast 360 Grad. [LEBENSRAUM] Offene Landschaften wie Wiesen, Felder und Äcker, die von Hecken, Büschen oder Wäldern umgeben sind. [NAHRUNG] Knospen, Kräuter, Gräser, Feldfrüchte, Knollen, Wurzeln. Im Winter manchmal auch die Rinde junger Bäume. [SONSTIGES] Hamburg zählt zu den Regionen in Deutschland mit einer hohen Dichte an Feldhasen. Durchschnittlich leben hier 25 Tiere auf einem Quadratkilometer. Auch in zentrumsnäheren Gebieten wie dem Ohlsdorfer Friedhof sind einige Feldhasen zu finden. Im Gegensatz zum Wildkaninchen hat der Feldhase längere Ohren und Beine. Außerdem ist er größer und schwerer.

sie erstaunliche Geschwindigkeiten von achtzig Kilometern in der Stunde erreichen. Immer wieder schlagen die »Spitzensportler« Haken oder springen mit ihren langen Hinterläufen bis zu zwei Meter in die Höhe. Zwei richten sich plötzlich auf und »boxen« so heftig mit ihren Vorderpfoten, dass sie sich gegenseitig kleine Haarbüschel aus dem Fell reißen. Es ist Rammelzeit. Die Hasen kämpfen um die Häsin. Nur der Stärkste und Schnellste darf sich mit ihr paaren.

Wir können uns nur schwer von diesen spannenden Beobachtungen lösen, aber jetzt geht es weiter. Bei der nächsten Möglichkeit verlassen wir den schmalen Weg und wandern nun auf dem Hauptweg weiter. Er führt über die Röthbek hinweg, die sich hier durch einen Erlenbruch schlängelt. Ein aufgelockerterer Bruch mit Birken, Eichen und Weidengebüsch schließt sich an. Dort trommelt ein Buntspecht, und eine Mönchsgrasmücke singt ihr schönes Lied. Auf einem Eichenblatt entdecken wir einen kleinen Schmetterling. Es ist ein Vogelschmeiß-Spanner, ein Nachtfalter. Seine Färbung ähnelt dem Aussehen von Vogelkot und dient ihm zur Tarnung. Wo der Reitweg nach rechts abbiegt, endet der Asphalt. Nur wenige Schritte weiter ändert sich die Aussicht. Statt auf Bruchwald haben wir jetzt weiten Blick auf Moorheide mit Moosbeere, Wollgras und Glockenheide. Hier kommt auch der seltene Sonnentau vor. An trockeneren Stellen wachsen Pfeifengras, Besenheide und vereinzelt

Feldhasen

Große Pechlibelle

Birken. Im Graben am Wegesrand fließt braunes Moorwasser. Eine zarte Libelle fliegt über den Weg und setzt sich auf einen Grashalm, um sich zu sonnen. Es ist die **GROSSE PECHLIBELLE**. Vorsichtig nähern wir uns, um sie zu betrachten. Ihr Hinterleib ist von oben pechschwarz, daher der Name dieses Insekts. Nur das achte der zehn Hinterleibssegmente leuchtet in blauer Farbe, weshalb es manchmal auch als »Schlusslicht« bezeichnet wird. Wir haben ein Männchen vor uns. Die Weibchen treten in zahlreichen Farbformen auf. Eine unbedachte Bewegung, und schon fliegt die Große Pechlibelle weiter. Vielleicht zu einem nahen Tümpel, um sich dort zu paaren.

Nach kurzer Wanderung gelangen wir an einen kleinen Weiher, der links vom Weg liegt. Er ist von Röhricht umstanden. Im Wasser wächst die seltene Krebsschere. In ihre Blätter sticht das Weibchen der ebenfalls seltenen Grünen Mosaikjunger ihre Eier hinein. Diese Libelle fliegt von Juli bis Oktober. Einige Teichfrösche quaken um die Wette. Gut können wir ihre Schallblasen seitlich am Kopf sehen. Plötzlich entdecken wir eine **RINGELNATTER**. Mit schlängelnden Schwimmbewegungen steuert sie zielgenau auf einen der Teichfrösche zu, um ihn im nächsten Moment zu verschlingen. Dass es sich um eine Ringelnatter handelt, erkennen wir an

GROSSE PECHLIBELLE (Ischnura elegans) [KENNZEICHEN] Flügelspannweite 3,5–4 Zentimeter. Die Männchen haben nicht nur ein blaues »Schlusslicht«, sondern weisen auch am schwarzen Kopf und Brustabschnitt blaue Partien auf. Die Weibchen sind variabel gefärbt. [LEBENSRAUM] Tümpel, Teiche, Seen und langsam fließende Gewässer. [NAHRUNG] Kleine Insekten, gern auch Blattläuse. [SONSTIGES] Die Große Pechlibelle fliegt von Mai bis September. Sie kommt recht häufig vor. Auch am Gartenteich lässt sie sich beobachten. Es gibt noch die Kleine Pechlibelle. Doch die ist äußerst selten.

den halbmondförmigen gelben Flecken am Hinterkopf. Diese ungiftige Schlange geht auch an Land auf Beutesuche. Dort fängt sie manchmal sogar Mäuse und kleine Jungvögel. Wer eine Ringelnatter ergreift, braucht zwar keine Giftzähne zu befürchten, muss aber das übelriechende Sekret erdulden, das dieses Reptil aus seinen Analdrüsen verspritzt. Fühlt sich die Ringelnatter bedroht, kann sie sich sogar tot stellen: Sie erschlafft, dreht sich auf den Rücken und lässt ihre Zunge heraushängen.

Wieder auf dem Wanderweg sehen wir auf den Brennnesselblättern Schnecken und ihre Schleimspuren. Es sind Gefleckte Schnirkelschnecken. Den Schleim sondern sie mit ihren Drüsen am vorderen

Ringelnatter

RINGELNATTER (Natrix natrix) [KENNZEICHEN] Das Weibchen ist mit seiner Länge von bis zu 150 Zentimetern größer als das bis zu 120 Zentimeter lange Männchen. Die Färbung ist variabel, etwa rotbraun, schiefergrau oder olivfarben. Außerdem hat der Körper dunkle Flecken und Streifen. Charakteristisch sind die gelben halbmondförmigen Flecken am Hinterkopf. [LEBENSRAUM] Feuchtgebiete und ihre Umgebung. Ringelnattern leben beispielsweise an Teichen, Seen und langsam fließenden Gewässern. [NAHRUNG] Hauptnahrung sind Amphibien wie Frösche und Kröten. Es stehen aber auch Fische, Kaulquappen, Molche und landlebende Tiere wie Eidechsen, kleine Jungvögel und Mäuse auf dem Speisezettel. [SONSTIGES] Bei der ungiftigen Ringelnatter ist die Pupille rund, bei der giftigen Kreuzotter ist sie schlitzförmig. Vor einigen Jahren entdeckte eine Familie aus Sasel an der Poppenbüttler Schleuse eine fast zwei Meter lange Schlange und bekam es gehörig mit der Angst zu tun. Doch wie sich später herausstellte, war es nur ein selten großes Exemplar einer Ringelnatter. Durch Lebensraumverlust ist die Ringelnatter in Hamburg stark gefährdet.

Kopfende ab, um darauf zu kriechen. In einiger Entfernung links vom Weg passieren wir mehrere Kopfweiden an einem Graben. Ihre charakteristische Form geht darauf zurück, dass man ihnen früher regelmäßig die ein- bis vierjährigen Triebe abschnitt, um daraus Körbe zu flechten. Zaunkönig, Heckenbraunelle und Rotkehlchen singen um die Wette. Wir haben eine schöne Aussicht auf eine weitläufige Wiesenlandschaft. Wo sich die Röhrichtzone verschiedener Moorgewässer vermuten lässt, segelt eine Rohrweihe niedrig über das Gelände. Sie hat schlanke Flügel und lange Schwanzfedern. Dieser Greifvogel sucht wohl nach Bisamratten, Blässhühnern, Fröschen, größeren Libellen und anderer Beute. Als die Rohrweihe aus unserem Blickfeld verschwindet, setzen wir uns wieder in Bewegung.

Rotfuchs

Beim Försterhaus biegen wir nach links ab. Aus den Wiesen mit einzelnen Bäumen ist ein Baumpieper zu hören. Mit geruhsamem Flügelschlag überquert ein Graureiher die feuchte Grasflur, und ein Kuckuck fliegt zum nahen Erlenbruch. Mit seinem langen Schwanz und den raschen Flügelschlägen ähnelt er einem flie-

ROTFUCHS (Vulpes vulpes) [KENNZEICHEN] Länge bis zu 90 Zentimeter; rotbraunes Fell, Wangen, Bauch und Beininnenseiten weiß. Buschiger Schwanz, spitze Schnauze und aufgerichtete Ohren. [LEBENSRAUM] Wiesen, Äcker, Wälder, aber auch Siedlungen. [NAHRUNG] Als Allesfresser frisst der Rotfuchs u.a. Regenwürmer, Insekten, Frösche, Eidechsen, Mäuse, Vögel, Beeren, Aas, aber auch Speisereste. [SONSTIGES] Der Rotfuchs lebt nicht immer allein in seinem Bau. Manchmal teilt er die Höhle auch mit einem Dachs oder Iltis. Als Kulturfolger kann sich der Nahrungsopportunist gut dem Menschen anpassen. In Hamburg ist er nicht selten.

genden Turmfalken. Jetzt ertönt sein Revierruf. Der Aberglaube traut dem Kuckuck erhebliche Schicksalsmacht zu: Wenn man ihn hört und Geld bei sich hat, geht einem das ganze Jahr lang das Geld nicht aus. Da! Ein **ROTFUCHS** schnürt über die Wiese. Jetzt schleicht er sich langsam an etwas heran, macht einen kleinen Sprung und hat im nächsten Moment eine kleine Maus im Maul. Als Allesfresser ist der Rotfuchs nicht wählerisch und äußerst anpassungsfähig. Er frisst sogar Abfälle. Deshalb kommt er gern in die Nähe des Menschen. In Städten und Siedlungen findet er einen reich gedeckten Tisch. Dort fängt er Tauben und Ratten und macht sich auch über die Speisereste in Müllbehältern her. Wegen der Übertragung der Tollwut und des Fuchsbandwurms hat der Rotfuchs einen schlechten Ruf. Doch gibt es in Deutschland seit 2008 keine Fuchstollwut mehr, und gegen den Fuchsbandwurm hilft es, Waldfrüchte vor dem Verzehr gründlich abzuwaschen. Dann sind sie frei von den Eiern dieses Parasiten.
Bald gelangen wir an eine Wegkreuzung und halten uns links. Am Wegesrand entdecken wir einige Weinbergschnecken. Fitis und Goldammer singen, und von einem größeren Teich rechts des Wanderwegs grüßen uns Teichfrösche mit lautem Konzert. Eine sehr seltene Libelle, die Große Moosjungfer, fliegt über die dicht mit weißblühenden Wasserfedern

LAUBFROSCH (Hyla arborea) [KENNZEICHEN] Länge 4–5 Zentimeter; glatte Haut. Die hellgrüne Oberseite und die weißliche Unterseite sind durch ein seitliches schwarzes Band getrennt. Finger- und Zehenspitzen sind verbreitert und besitzen rundliche Haftscheiben. [LEBENSRAUM] Besonnte Weiher und Teiche mit krautreichen Flachwasserzonen als Laichgewässer. Hochstaudenbestände, Büsche und Bäume als Landlebensräume (meist in Wassernähe). [NAHRUNG] Überwiegend Insekten, etwa Fliegen, Käfer und Mücken. Auch Spinnen und Schnecken stehen auf dem Speisezettel. [SONSTIGES] Laubfrösche können sehr laut werden. Bei ihren nächtlichen Konzerten im April und Mai erreichen sie manchmal Lautstärken von fast neunzig Dezibel. Das kann dann richtig in den Ohren schmerzen. In Hamburg sind Laubfrösche vom Aussterben bedroht, weil immer mehr ihrer Lebensräume zerstört werden.

bestandenen Wasserflächen. In den kleinen Blüten der Mädesüß, einem Rosengewächs, sitzen zwei bunte Bockkäfer und paaren sich. Auf dem Blatt einer Weide sehen wir einen **LAUBFROSCH**. Hier im Duvenstedter Brook kommt er noch öfter vor, aber sonst ist dieser blattgrüne Frosch in Hamburg inzwischen recht selten. Seine glatte Haut glänzt in der Sonne. Jetzt springt er auf ein Kalmusblatt und findet Halt, ohne abzurutschen. Wie kommt das? Der Laubfrosch ist die einzige Amphibienart in Mitteleuropa mit Haftscheiben an Fingern und Zehen. Deshalb findet man ihn auch in Büschen und Bäumen, wo er gern herumklettert. Besonders während der Paarungszeit veranstalten Laubfrösche in den Abend- und Nachtstunden lautstarke Konzerte. Ihre Schallblasen sitzen aber nicht seitlich am Kopf wie beim Teichfrosch, sondern sind kehlständig.

Laubfrosch

Wir gehen weiter geradeaus und kommen zu einem Beobachtungsplatz links am Weg. Auf dem hölzernen Geländer sitzt eine Schnirkelschnecke. Diesmal ist sie aber nicht gefleckt, sondern gebändert. Unser Blick fällt auf Wiesen, auf nasse Grasfluren mit kleinen Teichen und auf Erlenbruch. Im Fernglas erkennen wir einige Graugänse, die sich vielleicht auf dem Weg zum großen Moorsee mit seinem Röhrichtgürtel befinden. Vor dem Bruchwald machen wir einen großen Vogel mit langen Beinen und langem Hals aus: ein Kranich. Er sucht nach Nahrung. Immer wieder verschwinden Kopf und Hals im hohen Gras. Die scheuen Kraniche brüten seit 1981 im Duvenstedter Brook. Zuerst war es nur ein Paar, mittlerweile kommen bis zu 15 Kranichpaare hierher. Reichlich von der Natur beschenkt, marschieren wir in Richtung Wiemerskamper Weg, auf dem es dann nach links zurück zum BrookHus geht.

HINWEISE

→ Näheres zur Brook-Landschaft ist im Duvenstedter BrookHus des NABU am Duvenstedter Triftweg 140 zu erfahren, www.hamburg.nabu.de, Telefon (040) 607 24 66. Öffnungszeiten: Februar, März und November am Samstag von 12 bis 16 Uhr, an Sonn- und Feiertagen von 10 bis 16 Uhr. April bis Oktober von Dienstag bis Freitag 14 bis 17 Uhr, am Samstag 12 bis 18 Uhr, an Sonn- und Feiertagen 10 bis 18 Uhr. Das BrookHus bietet auch Führungen und weitere naturkundliche Veranstaltungen an. → Im Sommer findet beim BrookHus das »Kranichfest« statt. Dort gibt es nicht nur Informationen über die »Vögel des Glücks«, sondern auch über Wildbienen, Hummeln und andere Tiere. → Im Herbst bietet der NABU Hamburg Führungen zur Rothirschbrunft im Brook an. → Eine gute Gebietskarte hat die Behörde für Umwelt und Energie herausgegeben, www.hamburg.de/bue/, Telefon (040) 428 403 416. → Hunde sind im Brook nicht zugelassen.

EIGENE BEOBACHTUNGEN

FUCHS UND HASE – SÄUGETIERE ALS NACHBARN

Am Ufer eines Teichs zwischen Farnwedeln versteckt sitzt ein Fuchs auf dem Ohlsdorfer Friedhof. Neben ihm ist die Öffnung eines Abflussrohrs zu sehen. Jetzt scheint der Fuchs etwas entdeckt zu haben. Und tatsächlich: Schon im nächsten Moment steckt ein kleiner Fisch zwischen seinen Zähnen. Anschließend zieht sich Meister Reineke mit seiner Beute in das Abflussrohr zurück, um sie dort in Ruhe zu verspeisen. Ob er dort auch wohnt? Als Kulturfolger hat sich der Fuchs gut an das Leben in der Stadt angepasst. In Hamburg, so schätzen Biologen, gibt es mittlerweile mehrere Hundert Fuchsreviere. Statt im Waldboden finden sich die Baue der Stadtfüchse nicht selten unter Gartenlauben oder Garagen. Als Allesfresser wissen Füchse auch Küchenabfälle zu schätzen und durchstöbern deshalb gern Müllbehälter.

Von der winzigen Zwergfledermaus bis zum gewaltigen Rothirsch: In Hamburg leben 54 Säugetierarten. Einige wie das Eichhörnchen oder der Hase sind noch recht häufig. Viele Arten können aber leider immer seltener nachgewiesen werden. Dazu gehören beispielsweise die Hausmaus, der Baummarder und die Breitflügelfledermaus. Die Hausratte ist in Hamburg sogar schon vom Aussterben bedroht – ganz im Gegensatz zu der fast überall im Stadtgebiet vorkommenden Wanderratte. Die Ursachen für die Bestandsrückgänge der Hamburger Säugetiere sind vielgestaltig. Die meisten haben wir Menschen zu verantworten. So kommen nicht wenige der bedrohten Säuger durch den Straßenverkehr ums Leben, etwa der Baummarder und der Fischotter.

Einem Eichhörnchen oder einem Hasen bei ihren Verrichtungen zuzusehen ist viel leichter, als einen Iltis oder einen Dachs zu beobachten. Zum einen sind Iltis und Dachs nicht so häufig wie Eichhörnchen und Hase, zum anderen werden diese Säuger erst in der Nacht so richtig lebendig.

Den Tag verschlafen sie in ihrem Bau. Auch der Fuchs ist am liebsten nachts unterwegs, wenn er sich auch manchmal am Tage zeigt. Doch wie orientiert er sich eigentlich in der Dunkelheit? Da helfen ihm seine außerordentlich leistungsfähigen Sinnesorgane. Der Fuchs riecht, hört und sieht viel besser als der Mensch. Er findet eine Maus, indem er ihren winzigen Duftspuren folgt. Oder er hört ihr feines Piepsen und Rascheln. Auch die Augen des Fuchses sind an seine nächtliche Lebensweise angepasst. Sie können auch das Restlicht wahrnehmen und eine in der Dunkelheit fliehende Maus erkennen.

Die Bestände vieler Hamburger Säugetierarten nehmen zwar ab, es gibt aber auch positive Entwicklungen. Ein Beispiel ist der Biber. Früher wurde er vor allem wegen seines Fells und seines Fleisches gejagt, sodass in der Hansestadt lange Zeit keine Biber mehr lebten. Doch seit einigen Jahren nimmt ihre Zahl langsam wieder zu. Sie sind die Elbe entlanggewandert und haben sich vor allem in den Vier- und Marschlanden angesiedelt. So fanden Biologen Biberburgen am Ufer der Dove Elbe und im Naturschutzgebiet Borghorster Elblandschaft. Auch der Fischotter galt in Hamburg eine Zeit lang als ausgestorben. Genau wie dem Biber stellte man ihm wegen seines Fells nach. Ein weiterer Grund seines Verschwindens war die Gewässerverschmutzung und der damit verbundene Mangel an Fischen. Da die Flüsse mittlerweile sauberer geworden sind, findet dieses Raubtier wieder genügend zu fressen und breitet sich allmählich entlang der Alster und Elbe aus.

Hase, Igel und Eichhörnchen kennt jeder. Aber wie ist es beispielsweise mit der Aquatischen Schermaus oder dem Braunen Langohr? Diese beiden nachtaktiven Arten sind in Hamburg selten, und es gibt nur wenige Nachweise. Die Aquatische Schermaus kommt beispielsweise noch im Duvenstedter Brook und in der Süderelbemarsch vor und das Braune Langohr, eine Fledermausart, im Naturschutzgebiet Wohldorfer Wald und im Forst Klövensteen.

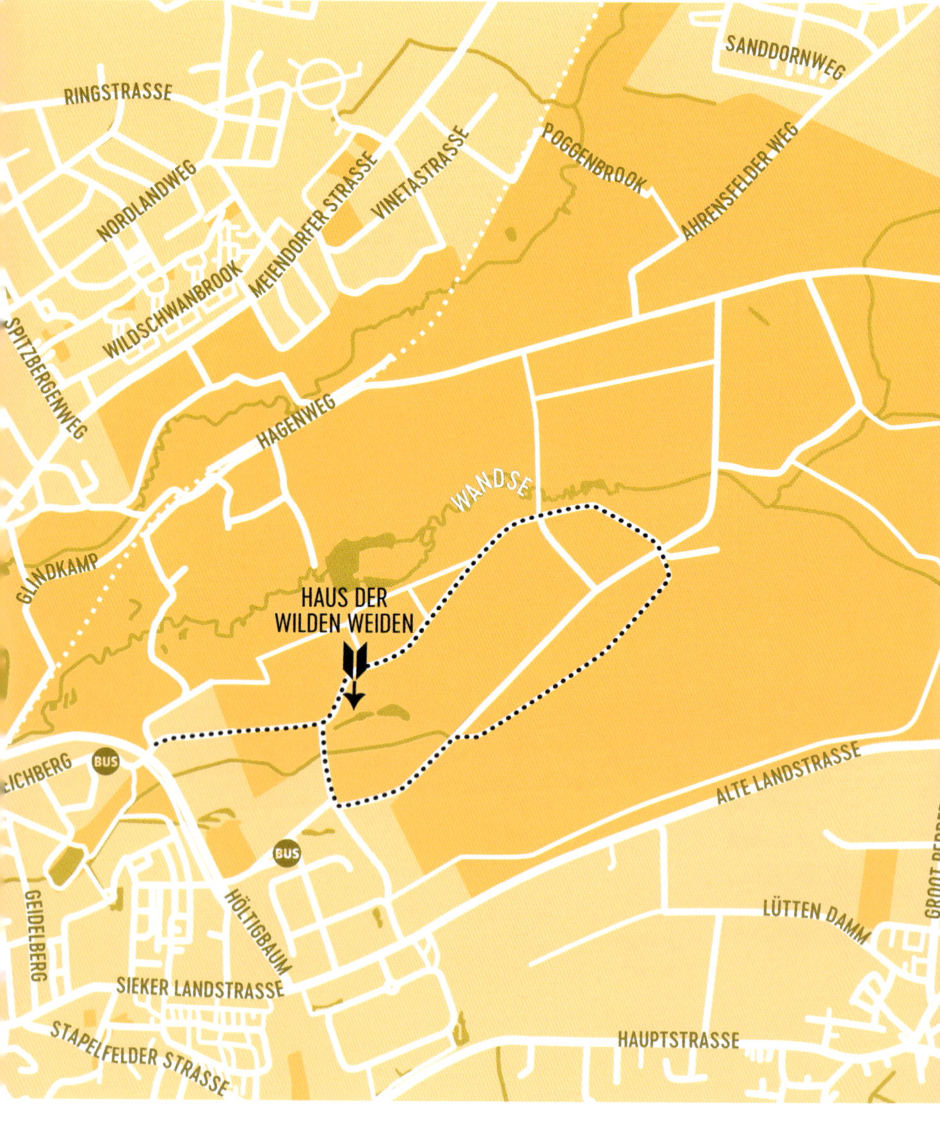

RINGSTRASSE
SANDDORNWEG
NORDLANDWEG
MEIENDORFER STRASSE
VINETASTRASSE
POGGENBROOK
AHRENSFELDER WEG
WILDSCHWANBROOK
SPITZBERGENWEG
HAGENWEG
WANDSE
GLINDKAMP
HAUS DER WILDEN WEIDEN
BUS
BUS
ALTE LANDSTRASSE
GEIDELBERG
HÖLTIGBAUM
LÜTTEN DAMM
SIEKER LANDSTRASSE
STAPELFELDER STRASSE
HAUPTSTRASSE

HÖLTIGBAUM

Der Höltigbaum bildet mit dem Stellmoorer und dem Ahrensburger Tunneltal eine teils auf Hamburger, teils auf Schleswig-Holsteiner Gebiet liegende weiträumige Einheit. Die halboffene Hügellandschaft mit überwiegend steppenartigem Charakter ist das Ergebnis einer langen Entwicklung. Sie begann vor etwa 200 000 Jahren, als die Gletscher der Saale-Eiszeit Grundmoränen und Schmelzwassersande hinterließen. Später, während der Weichsel-Eiszeit vor ungefähr 15 000 Jahren, formten die Eismassen einer riesigen Gletscherzunge einen Teil des Grundmoränenmaterials zu langgestreckten Hügeln, den »Drumlins«. Sie verlaufen in Richtung der Eisbewegung von Nordosten nach Südwesten. Als das Eis schmolz, schuf das Wasser unter dem Gletscher Tunnel, durch die es abfließen konnte. So entstand beispielsweise das Wandse-Tunneltal.
Die im 12. und 13. Jahrhundert einsetzende landwirtschaftliche Nutzung des Gebiets und die in der ersten Hälfte des 20. Jahrhunderts beginnende und mittlerweile wieder eingestellte Nutzung Höltigbaums als Truppenübungsgelände prägen das heutige Landschaftsbild. Um es zu erhalten, sind 220 Hektar des Areals im Rahmen des Erprobungs- und Entwicklungsvorhabens »Halboffene Weidelandschaft Höltigbaum« des Bundesamtes für Naturschutz und der Stiftung Naturschutz Schleswig-Holstein ganzjährig

Das Naturschutzgebiet Höltigbaum liegt im Nordosten Hamburgs. RB 81 (Richtung Lübeck) bis Rahlstedt, von dort mit den Buslinien 462 bis NSG Höltigbaum oder 562 bis Eichwischen. Parkplätze an den südlichen Eingängen.

Galloways, Bentheimer Landschafen, Bunten Deutschen Edelziegen und Schottischen Hochlandrindern vorbehalten. Diese genügsamen »Öko-Rasenmäher« sollen den immer wieder aufkommenden Bewuchs niedrig halten, damit die Landschaft ihren halboffenen Charakter behält und nicht von Buschwerk oder Birkenwäldchen überwachsen wird.

WESPENSPINNE UND WALDEIDECHSE

Am Höltigbaum angekommen, hat man die Enge und Hetze der Millionenstadt längst hinter sich gelassen. Der Blick kann in die Weite der leicht hügeligen, von den Gletschern der letzten Eiszeiten geformten Landschaft schweifen. Feuchtwiesen wechseln mit Magerrasen ab, Bruchwäldchen in Senken mit Gebüschgruppen, ab und zu ein einzeln stehender Baum. Für den aufmerksamen Naturfreund gibt es viel zu entdecken. 223 Pflanzenarten wurden gezählt, darunter das Breitblättrige Knabenkraut, eine einheimische Orchidee, und das seltene Tausendgüldenkraut. Mit 21 Tag- und 189 Nachtfalterarten sind die Schmetterlinge reich vertreten. Ein besonders seltener Schmetterling ist das Gemeine Blutströpfchen. Elf Heuschreckenarten konnten bisher nachgewiesen werden, etwa die Gefleckte Keulenschrecke und das Zwitscher-Heupferd. Zu den dreißig hier lebenden Libellenarten gehören unter anderem die Kleine Pechlibelle, die Große Königslibelle und die Herbstmosaikjungfer. Von den Amphibien und Reptilien seien Moorfrosch, Kammmolch sowie Waldeidechse und Blindschleiche genannt. Über sechzig Vogelarten brüten auf dem ehemaligen Truppenübungsplatz. Charaktervögel der halboffenen Landschaft sind Feldlerche, Goldammer, Neuntöter, Baumpieper und Dorngrasmücke. Außerdem leben 13 Säugetierarten hier, darunter Seltenheiten wie die Zwergspitzmaus, der Iltis und das Hermelin.

Von der stark befahrenen Straße Höltigbaum her passieren wir am Eichberg ein größeres Hundeauslaufgebiet. Es wurde eingerichtet, um die bewegungsfreudigen Vierbeiner von Ausflügen ins Schutzgebiet abzuhalten. Wo der Asphalt endet, der Weg nach links führt und leicht ansteigt, steht das Haus der Wilden Weiden. Dort kann man Näheres über das Naturschutzgebiet erfahren. An diesem warmen Augusttag hoffen wir auf viele spannende Tierbeobachtungen. Und wir müssen nicht lange warten. Auf dem Weg sitzt eine Heidelibelle und sonnt sich. Jetzt gaukelt ein Schmetterling in der warmen Luft und landet auf einer Distel – ein Ochsenauge. Lange dauert es nicht, und schon kommt der nächste angeflogen, und dann noch einer. Nun sitzen alle drei Falter auf den violetten Blüten und tanken Nektar. Am Wegesrand hat eine große Spinne ihr Netz in Bodennähe zwischen Brennnessel und Brombeere gesponnen. Mit ihrem gelb, schwarz und weiß gestreiften Hinterleib erinnert sie an eine Wespe. Und das ist auch ihr Name: **WESPENSPINNE**. Nur das Weibchen besitzt dieses auffällige Muster. Das kleinere Männchen sieht viel unscheinbarer aus. Kopfüber sitzt die Wespenspinne in der Mitte ihres kunstvoll gesponnenen Radnetzes und wartet auf Beute. Da! Eine Heuschrecke hüpft in das Netz

Wespenspinne

WESPENSPINNE (Argiope bruennichi) [KENNZEICHEN] Länge des Weibchens bis zu 2 Zentimeter, Länge des wesentlich kleineren Männchens bis zu 0,6 Zentimeter. Der Hinterleib des Weibchens ist wespenähnlich gelb, schwarz und weiß gestreift. Das hellbraune Männchen hat eine undeutliche dunkle Zeichnung. [LEBENSRAUM] Sonnige Standorte mit niedrig wachsender Vegetation wie Trockenrasen, feuchte Hochstaudenfluren oder Waldränder. Wichtig ist ein großes Heuschrecken-Vorkommen. [NAHRUNG] Vor allem Heuschrecken, aber auch andere Insekten wie Fliegen, Bienen oder Wespen. [SONSTIGES] Die exotisch aussehende, wärmeliebende Wespenspinne war früher vor allem im Mittelmeerraum zu Hause. Sie hat sich, wahrscheinlich durch die Klimaerwärmung begünstigt, weiter nach Norden ausgebreitet.

und bleibt zappelnd an den klebrigen Fäden hängen. Die Wespenspinne spürt diese Erschütterungen und eilt sofort herbei. Nun umwickelt sie ihr Opfer mit Spinnweben und tötet es mit ihrem Gift. Würde sich jetzt ein Männchen nähern, um sich zu paaren, müsste es sehr »aufpassen«, denn nicht selten wird es von seiner Partnerin nach der Hochzeit aufgefressen.
Weiter geht es entlang eines eingezäunten Weidegebiets. Wir sehen einige Bentheimer Landschafe. Sie fressen Gräser und Kräuter und halten Bäume und Sträucher kurz, um den Lebensraum der Licht liebenden Pflanzen und Tiere zu erhalten. Am Wegesrand blühen Glockenblumen, Habichtskraut und Weidenröschen. Auf den Blüten sitzen Schwebfliegen, Bienen und zwei kleine, blaue Falter. Sie gehören zur Schmetterlingsfamilie der Bläulinge. Jetzt hastet ein dunkelbrauner Laufkäfer quer über den sandigen Weg, Rauchschwalben jagen nach Insekten, und von fern erklingt das laute »Lachen« eines Grünspechts. Auf einer Bank krabbeln viele kleine Ameisen. Es ist die **SCHWARZE WEGAMEISE**. Und wir sehen auch ihr Nest: ein wenige Zentimeter hoher Erdhügel, der um einen Grashalm herum gebaut wurde. Der Halm dient wohl dem

Schwarze Wegameisen

SCHWARZE WEGAMEISE (Lasius niger) [KENNZEICHEN] Königin: bis 0,9 Zentimeter; Männchen: bis 0,4 Zentimeter; Arbeiterin: bis 0,5 Zentimeter. Der Körper hat eine dichte, silbrige Behaarung und ist dunkelbraun bis schwarz. Die junge Königin und die Männchen besitzen Flügel. [LEBENSRAUM] Der anpassungsfähige Kulturfolger ist weitverbreitet. Er kommt in den unterschiedlichsten Lebensräumen vor, auch unter Baumrinde, Steinen und in Mauerspalten. [NAHRUNG] Honigtau und andere zuckerhaltige Substanzen, aber auch kleine Insekten. [SONSTIGES] An manchen warmen Hochsommertagen lassen sich auch mitten in der Stadt viele schwärmende Schwarze Wegameisen beobachten. Es sind Männchen, die sich mit einer Königin paaren wollen. Nach der Hochzeit wirft die Königin ihre Flügel ab und gründet einen neuen Ameisenstaat.

wenig stabilen Bau als Stütze. Die Schwarze Wegameise mag gern Süßes. Besonders angetan hat es ihr der Honigtau von Blattläusen. Um an die zuckerhaltigen Ausscheidungen zu gelangen, »betrillert« die Ameise die Blattläuse mit ihren Fühlern. Daraufhin geben diese einen Tropfen der süßen Flüssigkeit ab. Um immer genügend Honigtau vorrätig zu haben, lebt die Ameise mit den Blattläusen in einer Symbiose, also einer Lebensgemeinschaft zu beiderseitigem Nutzen: Die Blattläuse liefern die zuckerhaltige Nahrung und werden als Gegenleistung von der Ameise vor Fressfeinden wie Spinnen oder Marienkäfern beschützt. Gibt es zu wenig Honigtau, nutzen die flexiblen Schwarzen Wegameisen auch andere Nahrungsquellen. Sie kommen dann sogar in Häuser und Wohnungen, um sich in der Küche am Zucker und anderen süßen Lebensmitteln zu bedienen.

Im Schatten einer großen Birke machen gerade mehrere Bunte Deutsche Edelziegen eine Pause, bevor sie weiter als »Öko-Rasenmäher« den Pflanzenbewuchs niedrig halten. Oben im Baum singt eine Goldammer ihr weich und melancholisch klingendes Lied, das sich gut mit den Worten »Wie, wie, wie hab´ ich dich liiieb« umschreiben lässt. Wo uns der Weg über eine der ehemaligen Panzerstraßen hinwegführt, kommt unübersehbar der Telekom-Sendemast in den Blick. Jetzt wird es feuchter. Wir gelangen in einen kleinen, von Erlen und Weiden dominierten Bruchwald, der den Wandselauf begleitet und auch den Mönchsteich verbirgt. Ein Grasfrosch hüpft, wie es sich gehört, im feuchten Gras, und eine große **WEINBERGSCHNECKE** sitzt weiter unten am Stamm einer Erle. Sie ist der Methusalem unter den Schnecken, denn sie kann über zwanzig Jahre alt werden. Ihr schraubig gewundenes Kalkgehäuse ist rechtsgängig. Es gibt auch Exemplare mit linksgängig gewundenen Gehäusen. Die sind allerdings äußerst selten. Man nennt sie »Schneckenkönig«. Vorsichtig berühren wir die beiden großen Fühler. Sofort zieht unsere Weinbergschnecke sie ein, aber schon bald kommen sie wieder hervor. Auf den Fühlerspitzen erkennen wir jeweils einen kleinen schwarzen Punkt. Das sind die Augen.

Jetzt kriecht die Weinbergschnecke ein Stückchen weiter und hinterlässt dabei eine Schleimspur. Dieser Schleim ist ein ganz besonderer Stoff. Seine Haftkraft, verbunden mit der Saugwirkung der Fußsohle, ermöglicht ein Kriechen in der Senkrechten und schützt die Weinbergschnecke vor Verletzungen bei ihrer Fortbewegung auf spitzen oder scharfen Unterlagen. So kann sie sogar unbeschadet über eine Rasierklinge kriechen. Wird die Weinbergschnecke von Insekten und anderen Feinden attackiert, schäumt sie den Schleim stark auf und vertreibt so ihre Angreifer.
Wir verlassen das Bruchwäldchen und gelangen wieder in offenes Gelände. Der Weg geht durch sonnige Wiesen, die mit einzelnen Birken und Weißdornbüschen bestanden sind. Im Gras wachsen verschiedene Wildkräuter wie etwa das weißblühende Harzer Labkraut oder der gelbe Odermennig. Landkärtchen, Zitronenfalter und andere Schmetterlinge tanzen in der warmen Luft. Wir sehen eine Erdkröte und hören von oben das wohlklingende »Grog« eines Kolkraben. Bald endet der Sandweg an einer weiteren befestigten Straße. Nun geht es nach rechts. Auf den Blättern einer Brennnessel entdecken wir einige Raupen des Kleinen Fuchses, einer unserer häufigsten Schmetterlinge. Ist das eine Eidechse?

Weinbergschnecke

WEINBERGSCHNECKE (Helix pomatia) [KENNZEICHEN] Die Weinbergschnecke ist die größte einheimische Gehäuseschnecke. Das rundliche, hellbraune Gehäuse hat einen Durchmesser von 3 bis 5 Zentimetern. [LEBENSRAUM] Lichte Wälder und Gebüsche, aber auch Gärten, Parks und Friedhöfe. Wichtig ist ein möglichst kalkhaltiger Boden. Wegen Düngung und Einsatz von Insektiziden kommt die Weinbergschnecke nur noch selten in Weinbergen vor. [NAHRUNG] Verschiedene Pflanzen. [SONSTIGES] Die Weinbergschnecke ist nicht häufig und kann deshalb auch in Gärten kaum Schäden verursachen. Weinbergschnecken gelten als Delikatesse. Zum Verzehr dürfen allerdings nur gezüchtete Exemplare verwendet werden, da diese Tiere streng geschützt sind.

Zwischen den Pflanzen am Boden sehen wir etwas, das wie ein Schwanz aussieht. Ganz langsam und vorsichtig nähern wir uns. Und tatsächlich: Eine **WALDEIDECHSE** hat sich hier im Schatten zwischen den Blättern versteckt. Obwohl wir immer dichter herankommen, bleibt das Reptil sitzen. Würde es sich auf einem Stein sonnen, wäre es bestimmt schon weggeflitzt. Wie alle Reptilien ist auch die Waldeidechse ein wechselwarmes Tier. Ihre Körpertemperatur hängt von der Außentemperatur ab. Im kühlen Schatten zeigt unsere Echse nur wenig Aktivität. In der warmen Sonne aber ist sie voll da und reagiert bei Störung sofort mit Flucht. Die Waldeidechse hat einen tollen Trick auf Lager, um sich vor Fressfeinden wie dem Turmfalken zu schützen. Sie wirft einfach ihren Schwanz ab. Der bewegt sich dann noch ein Weilchen und lenkt den Angreifer ab, sodass die Echse das Weite suchen kann. Der Schwanz wächst später wieder nach, erreicht aber nicht mehr seine ursprüngliche Länge.

Nach einigen Schritten auf der Panzerstraße geht es jetzt leicht bergauf, und wir gelangen an einen Aussichtspunkt mit einem schönen Blick auf die halboffene Landschaft. Ein Zilpzalp ruft seinen Namen, und einige Schwanzmeisen turnen im Geäst. Eine Kreuzspinne sitzt auf ihrem Netz und wartet auf Beute.

Waldeidechse

WALDEIDECHSE (Zootoca vivipara) [**KENNZEICHEN**] Länge bis zu 18 Zentimetern; hell- bis dunkelbraun, mit variabler Zeichnung. Der Bauch des Männchens ist gelblich und hat schwarze Punkte. Beim Weibchen ist er weißlich und hat meist keine Punkte. [**LEBENSRAUM**] Waldränder, Moore, Heiden, in der Stadt auch Gärten. [**NAHRUNG**] Spinnen und Insekten wie Heuschrecken und Fliegen. [**SONSTIGES**] In Hamburg gibt es besonders in den Naturschutzgebieten Duvenstedter Brook und Wittmoor größere Populationen. In der Stadt fallen Waldeidechsen immer wieder einmal herumstreunenden Hauskatzen zum Opfer.

Nun gehen wir ein längeres Stück am Zaun entlang. Dahinter sehen wir Schottische Hochlandrinder, die hier ihre Arbeit als »Landschaftspfleger« verrichten. Immer wieder liegen Kuhfladen auf dem Weg. Diese Hinterlassenschaften der Rinder sind mit Löchern übersät. Wir entdecken viele kleine Käfer, die aus den Löchern hervor- oder hineinkrabbeln. Es sind **GEMEINE DUNGKUGELKÄFER**, die sich hier in ihren Fraßgängen so richtig wohlfühlen. Wärmeliefernde Zersetzungsprozesse des Dungs sorgen für angenehme Temperaturen im feuchten Inneren. Und zu fressen gibt es in Hülle und Fülle. Genau wie die Rinder sind auch die Dungkugelkäfer Pflanzenfresser. Sie ernähren sich von dem, was die Weidetiere nach ihrer Verdauung übrig gelassen haben. Die weitere Entwicklung der Käfer über Eier, Larven und Puppen vollzieht sich ebenfalls im Kuhfladen, der auch für viele andere Insektenarten ein wichtiger Lebensraum ist. Später siedeln sich in den inneren Gangsystemen noch Bakterien und Pilze an, die sich ebenfalls am Abbau des Fladens beteiligen.

Jetzt wollen wir aber weiter, denn sonst stechen uns noch die Mücken und Bremsen. Unterwegs sehen wir wieder einige Ochsenaugen. Diese Schmetterlinge scheinen hier ziemlich häufig vorzukommen. Diesmal sitzen sie aber nicht auf violetten Distelblüten wie zu Beginn unserer Wanderung, sondern auf dem Schmalblättrigen

Gemeiner Dungkugelkäfer

GEMEINER DUNGKUGELKÄFER (Sphaeridium scarabaeoides) [KENNZEICHEN] Länge 0,5–0,7 Zentimeter. Die Flügeldecken des schwarz glänzenden Käfers sind vorne rot und hinten gelb. Es gibt auch rein schwarze Exemplare. [LEBENSRAUM] Im feuchten Inneren von Rinder- und Pferdedung, manchmal auch in verrottenden Pflanzen. [NAHRUNG] Organische Stoffe pflanzlichen Ursprungs. [SONSTIGES] Der Kuhdung ist nicht nur ein wichtiges Biotop für Insekten und andere Lebewesen, sondern wird auch vom Menschen genutzt, beispielsweise als Dünger oder zur Gewinnung von Biogas.

Grünes Heupferd

Greiskraut. Nun geht's durch ein Birkenwäldchen bergab. Dann überqueren wir die Panzerstraße und gehen nach links am Weidegelände entlang zurück. Plötzlich huscht etwas über unseren Weg. Das geht so schnell, dass wir das Tier nicht erkennen. Von der Größe könnte es ein Hermelin gewesen sein, das hier ja schon beobachtet wurde. Wie es sich für einen warmen und trockenen Sommertag gehört, zirpen überall die Heuschrecken. Und da zeigt sich auch schon ein besonders großes Exemplar dieser Insektengruppe: das **GRÜNE HEUPFERD**. Es kann nicht nur hüpfen und klettern, sondern mit seinen langen Flügeln auch gut fliegen. Vielleicht ist es auf diese Weise auf das in Augenhöhe gelegene Eichenblatt gelangt. Dass hier ein Weibchen sitzt, erkennen wir an dem eindrucksvollen Legebohrer. Er ist leicht nach unten gebogen und fast so lang wie der übrige Körper. Mithilfe des Legebohrers deponiert das Weibchen die zuvor vom Männchen befruchteten Eier im weichen Boden. Behutsam nähern wir uns dem leuchtendgrünen Insekt und stellen fest, dass sein Kopf tatsächlich einem Pferdekopf ähnelt. Jetzt fliegt es in Richtung Wiese davon. Haben wir es aufgescheucht, oder wurde es vom Gesang eines Männchens angelockt? Wir wissen es nicht.

GRÜNES HEUPFERD (Tettigonia viridissima) [KENNZEICHEN] Das Grüne Heupferd ist die größte heimische Heuschrecke; Länge 3 bis 4 Zentimeter, hellgrün. Das etwas größere Weibchen hat einen langen Legebohrer. [LEBENSRAUM] Wiesen und Waldränder, Gärten, Parks und Friedhöfe. [NAHRUNG] Insekten, aber auch Gräser und andere Pflanzen. [SONSTIGES] Der Gesang der Männchen ist bis zu hundert Meter weit zu hören. Sie singen auch nachts. Es gibt bei uns noch ein zweites Heupferd: das Zwitscher-Heupferd. Diese etwas kleinere Art ist sehr aggressiv und frisst gelegentlich sogar einmal ein Grünes Heupferd.

HINWEISE

➔ Näheres zum Naturschutzgebiet Höltigbaum ist im Haus der Wilden Weiden der Stiftung Natur im Norden am Eichberg 63 zu erfahren, www.hoeltigbaum.de, Telefon (040) 180 448 60 10. Öffnungszeiten April bis Oktober: Donnerstag und Freitag 14 bis 18 Uhr, Samstag, Sonntag und an Feiertagen 11 bis 18 Uhr. November bis März: Samstag, Sonntag und an Feiertagen 11 bis 16 Uhr. ➔ Das Haus der Wilden Weiden bietet viele naturkundliche Veranstaltungen an, die sich auch mit den im Naturschutzgebiet lebenden Tierarten beschäftigen. ➔ Der NABU veranstaltet vogelkundliche Führungen, auf denen auch auf andere Tierarten eingegangen wird, www.hamburg.nabu.de, Telefon (040) 697 08 90. ➔ Eine gute Gebietskarte hat die Behörde für Umwelt und Energie herausgegeben, www.hamburg.de/bue/, Telefon (040) 428 403 416.

EIGENE BEOBACHTUNGEN

EIN LEBEN AUF ACHT BEINEN – SPINNEN

In der Badewanne sitzt eine große, langbeinige Spinne. Immer wieder versucht sie, an den glatten Wänden nach oben zu gelangen. Aber vergebens: Die Hausspinne bleibt gefangen. Doch was macht sie eigentlich in der Badewanne? Vielleicht hat sie sich auf der Suche nach Nahrung hierher verirrt. Zugegeben, diese dunkle Spinne mit ihren behaarten Beinen sieht nicht gerade »kuschelig« aus. Doch statt den »ungewollten Badegast« zu töten, sollte man ihn lieber aus seiner misslichen Lage befreien. Er wird es seinem Retter danken und ihn vor Mücken und anderen lästigen Insekten bewahren. Der Ekel und die Furcht vor Spinnen sind meist anerzogen und können am besten abgebaut werden, indem man sich näher mit diesen Tieren beschäftigt. Die meisten der etwa tausend einheimischen Spinnenarten sind völlig harmlos. Außerdem zeigen viele von ihnen faszinierende Verhaltensweisen. So spinnt sich die Gartenkreuzspinne ein kunstvolles Netz, das noch schöner aussieht, wenn an seinen Fäden viele Tautropfen in der Morgensonne funkeln.

Wasserspinne

Wer sich für Spinnen interessiert, kann sie in ganz verschiedenen Lebensräumen finden. Vier Beispiele: Die Große Zitterspinne lebt im Haus, die Wolfspinne im Garten, die Feenlämpchenspinne im Wald und die Wasserspinne im Wasser eines Teichs. Die Gespinste der Großen Zitterspinne finden sich häufig dicht unter der Kellerdecke. Fühlt sie sich gestört, zittert sie so stark, dass ihre Umrisse verschwinden und ein potenzieller Feind kaum eine Chance hat, sie zu erwischen. Die Wolfspinne baut kein Netz, sondern jagt am Boden. Das Weibchen betreibt Brutpflege. Es trägt den weißen Eikokon an seinem Hinterleib. Wenn die Jungspinnen geschlüpft sind, krabbeln sie auf den schützenden Rücken der Mutter und bleiben dort noch eine Weile sitzen. Die auf dem Waldboden versteckt lebende Feenlämpchenspinne baut sich einen besonders formschönen Eikokon, der auch als »Feenlämpchen« bezeichnet wird. Er ähnelt einem umgedrehten Weinglas und wird von der kleinen Spinne an einem dünnen Ast oder Blattstiel befestigt.

Als einzige heimische Spinnenart lebt die Wasserspinne ständig unter Wasser. Sie bevorzugt Moortümpel und andere pflanzenreiche Gewässer. Dort ernährt sie sich von Kleinkrebsen und Insektenlarven. Um atmen zu können, hat die Wasserspinne eine interessante Technik entwickelt. Unter einem dichten Gespinstteppich sammelt sie einen Luftvorrat. In dieser »Taucherglocke« spielt sich ein Großteil ihres Lebens ab. Hier frisst sie ihre Beute, paart sich und zieht ihre Jungen auf. Wenn der Sauerstoff zur Neige geht, steigt die Wasserspinne nach oben und streckt ihren hinteren Körper kurz aus dem Wasser. Dann taucht sie ganz schnell wieder unter und nimmt dabei eine Luftblase mit, die ihren stark behaarten Hinterleib silbrig glänzend umschließt. Mit der Luftblase füllt sie ihre Taucherglocke wieder auf.

Wasserspinne

Leider ist die Wasserspinne inzwischen äußerst selten geworden und steht deshalb als »stark gefährdet« auf der Roten Liste. Ursachen ihres enormen Bestandsrückgangs sind die Verschmutzung von Gewässern und die Trockenlegung von Feuchtlebensräumen.

An Spinnen hatten die Planer der Hafencity wohl am wenigsten gedacht und erlebten schon kurz nach Fertigstellung der ersten Areale eine Überraschung: Der an der Elbe gelegene neue Hamburger Stadtteil mit seinen vielen Gebäuden und Brücken ist ein idealer Lebensraum für die Brückenkreuzspinne. Ihre Netze finden sich sowohl an den Fassaden der Wohn- und Bürogebäude als auch unter den Brücken. Da diese graubraune Spinne nachtaktiv ist, profitiert sie von den vielen künstlichen Lichtquellen in der Hafencity. Diese locken Insekten herbei, die sich dann in den zahlreichen Netzen verfangen. Besonders in den Sommermonaten tritt die feuchtigkeitsliebende Spinnenart hier in so großer Zahl auf, dass sich manche Bewohner belästigt fühlen. Versuche, die Zahl der Brückenkreuzspinnen zu reduzieren, zeigten kaum Erfolge. Sie können sich auch deshalb so stark vermehren, weil es in der noch nicht allzu grünen Hafencity kaum natürliche Feinde gibt. Mehr Büsche und Bäume würden Meisen und andere insekten- und spinnenfressende Vögel anziehen, die sich dann über ein reichhaltiges Nahrungsangebot freuen dürften.

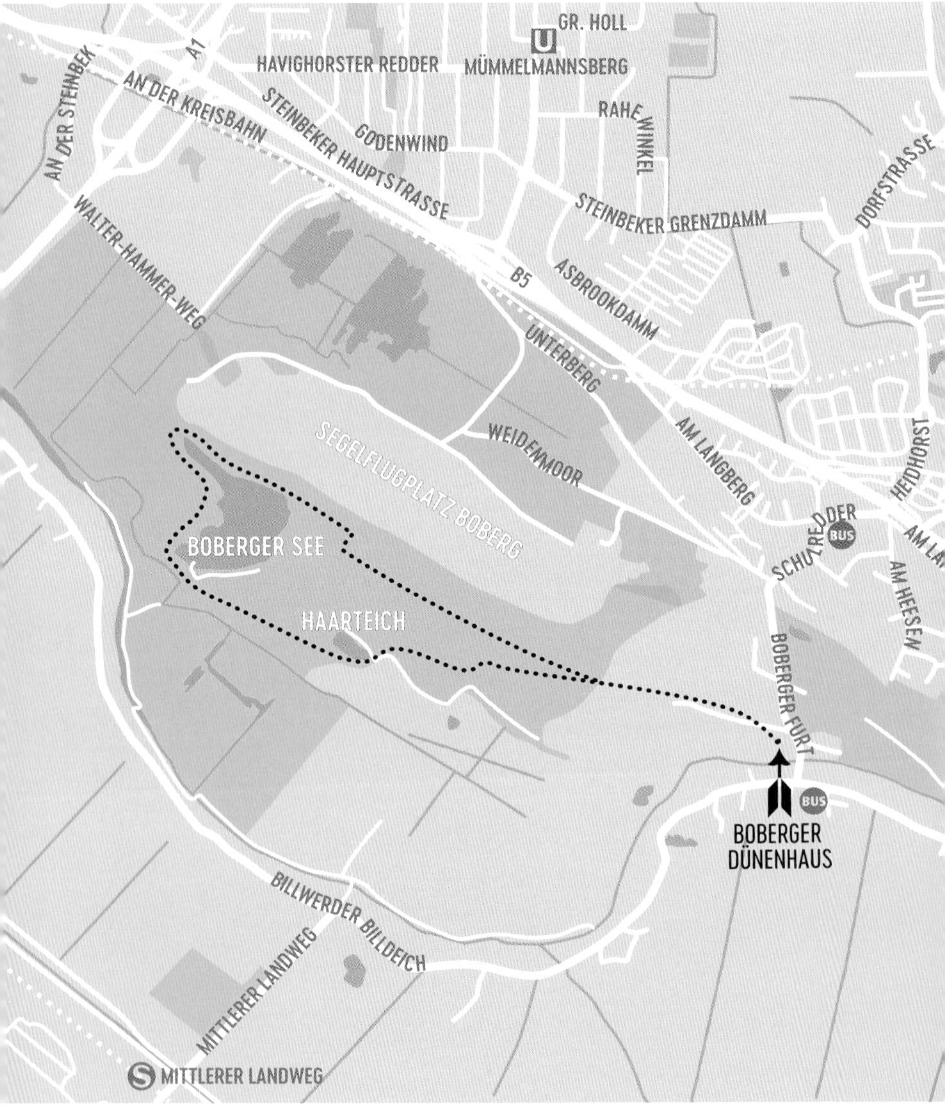
GR. HOLL
MÜMMELMANNSBERG
HAVIGHORSTER REDDER
A1
AN DER STEINBEK
AN DER KREISBAHN
STEINBEKER HAUPTSTRASSE
GODENWIND
RAHEWINKEL
STEINBEKER GRENZDAMM
DORFSTRASSE
WALTER-HAMMER-WEG
B5
ASBROOKDAMM
UNTERBERG
WEIDENMOOR
SEGELFLUGPLATZ BOBERG
AM LANGBERG
HEIDHORST
SCHULREDDER
BUS
BOBERGER SEE
HAARTEICH
AM HEESEN
BOBERGER FURT
BOBERGER DÜNENHAUS
BILLWERDER BILLDEICH
MITTLERER LANDWEG
MITTLERER LANDWEG

BOBERGER NIEDERUNG

Wer auf der großen Boberger Düne steht, könnte sich an die Nordsee versetzt fühlen. Das Meeresrauschen fehlt allerdings in diesem zwischen Bergedorf und Billwerder gelegenen Gebiet. Eiszeiten haben hier ihre Spuren hinterlassen. Heute finden sich nur noch Reste der ehemals ausgedehnten Binnendünenlandschaft. Seit 1840 wurden die meisten der bis zu dreißig Meter hohen Dünen abgetragen. Unmengen von Sand benötigte man für die Aufschüttung der Bahntrasse Hamburg–Bergedorf sowie später der Stadtteile Hammerbrook und Billbrook. Die große Boberger Düne ist Teil der Boberger Niederung, eines Mosaiks unterschiedlichster Biotope mit artenreicher Tier- und Pflanzenwelt: Heideflecken, Trockenrasen, Eichen-Birken-Waldungen, Erlenbruchwald, Niedermoore, Gewässer, Wiesen und Weiden.

Das Naturschutzgebiet Boberger Niederung liegt im Südosten Hamburgs, südlich der B5. U-Bahn (U2) bis Mümmelmannsberg und weiter mit der Buslinie 12 bis zur Haltestelle Schulredder. Von dort sind es fünfzehn Minuten Fußweg über Schulredder und Boberger Furt zum Boberger Dünenhaus. S-Bahn (S2, S21) bis Mittlerer Landweg, von dort mit der Buslinie 221 bis zum Boberger Furtweg (fährt an Werktagen stündlich, an Wochenenden nur alle zwei Stunden). Nach rund hundert Metern erreicht man das Boberger Dünenhaus. Parkplatz an der Boberger Furt, rund 150 Meter vom Boberger Dünenhaus entfernt.

AMEISENLÖWE UND ZAUNEIDECHSE

Wie wohl die große Boberger Wanderdüne aus der Vogelperspektive des Segelfliegers aussieht, der vom Segelflugplatz Boberg aufgestiegen ist und in der Thermik seine Kreise zieht? Dem Wanderer mag das Sandgebirge zunächst als lebensfeindliche Wüste erscheinen. Nur spärlich ist der Dünensand von Birken, Heide, Sandsegge, Silbergras und Strandhafer bewachsen. Man weiß jedoch, dass hier eine Vielzahl von Insektenarten zu finden ist, die gut an die Trockenheit und die starken Temperaturunterschiede durch Aufheizung am Tage und Abkühlung in der Nacht angepasst sind. So leben hier Wärmeliebhaber wie Sandwespe, Wegwespe, Sandbiene, Sandlaufkäfer und Ameisenlöwe. Im Trockenrasen am Dünenrand kommen seltene Heuschreckenarten wie der Warzenbeißer und die Blauflügelige Ödlandschrecke vor. Auch die weiteren Teile der Boberger Niederung sind biologisch sehr interessant: Insgesamt 700 Pflanzenarten wurden gezählt, darunter verschiedene Orchideen. Libellen und Schmetterlinge sind artenreich vertreten wie zum Beispiel die Blutrote Heidelibelle und der Kleine Perlmutterfalter. Zu den hier lebenden Amphibien und Reptilien gehören etwa der Grasfrosch und die Zauneidechse. Über fünfzig Vogelarten brüten im Naturschutzgebiet, darunter auch Pirol, Nachtigall und Bekassine, die alle im Hamburger Raum eher selten sind.

Heute, an diesem heißen Augusttag, wollen wir erkunden, was in der Boberger Niederung so kreucht und fleucht. Los geht's beim Boberger Dünenhaus. Ein paar Schritte bringen uns zum steinigen Sandweg, der von der Boberger Furt wegführt. An einem Acker vorbei gelangen wir zu einer Pferdekoppel, wo wir den ansteigenden grasigen Weg nach rechts einschlagen und auf die Düne zugehen. Vor uns erstreckt sich die wellige Dünenlandschaft. Der nach Westen führende Weg am Dünenrand entlang ist zur Düne hin durch einen niedrigen Absperrzaun begrenzt, um das empfindliche Biotop vor Betreten zu schützen. Schließlich sollen die Bau-

Ameisenlöwe

ten der Grabwespe und anderer seltener Insekten sowie der Bewuchs nicht zerstört werden. Einige Rote Waldameisen laufen über den Weg. Doch sie müssen aufpassen, denn im trockenen Dünensand wartet ein hungriger **AMEISENLÖWE** am Grunde seines selbstgebauten Fangtrichters auf seine Lieblingsbeute. Er hat sich eingegraben, nur seine langen Kieferzangen sind zu sehen. Und da ist es auch schon geschehen: Eine Rote Waldameise hat sich zu nahe an den Trichterrand gewagt und rutscht nach unten. Sie versucht zwar, wieder emporzugelangen, doch der Ameisenlöwe wirft gezielt mit Sandkörnchen nach ihr, sodass jeder Fluchtversuch vergeblich bleibt. Schließlich zieht der gefräßige »Löwe« seine Beute mit den Zangen in den Boden. Dann tötet er die Rote Waldameise, injiziert ihr einen Verdauungssaft und saugt sie aus. Der rundliche Ameisenlöwe ist die Larve eines Insekts, mit dem er keinerlei Ähnlichkeit hat. Nach zweimaliger Häutung spinnt er sich im Sandboden einen Kokon und verpuppt sich darin. Aus der kugelförmigen Puppe schlüpft dann ein graziles, libellenähnliches Insekt mit vier durchsichtigen Flügeln: die Ameisenjungfer. Die gesamte Entwicklung vom Ameisenlöwen zur Ameisenjungfer dauert etwa zwei Jahre.

So gewaltig und massiv die Sandmassen der Düne auch wirken, sind sie doch in Bewegung. Wind weht Sandkörner auf und trägt sie ein Stück fort.

AMEISENLÖWE (Myrmeleon formicarius) [KENNZEICHEN] Der rund 1 Zentimeter große Ameisenlöwe ist die Larve der Ameisenjungfer. Sein rundlicher Körper hat eine graubraune Farbe. Am Kopf sitzen zwei mächtige Kieferzangen. [LEBENSRAUM] Sonnige, trockene Sandflächen und Heiden. [NAHRUNG] Ameisen und andere kleinere Insekten, auch Spinnen. [SONSTIGES] Auch die Ameisenjungfer ernährt sich räuberisch von Insekten. In Hamburg kommt der Ameisenlöwe auch in der Fischbeker Heide vor.

So bewegt sich die Düne im Jahr etwa zehn Zentimeter nach Nordosten, weil Südwestwinde vorherrschen. Die Birken am Nordrand der Düne »ertrinken« deshalb allmählich im Sand. Um die Wanderung der Düne zu verlangsamen, hat man schon vor mehr als hundert Jahren an manchen Stellen den sonst an der See heimischen Strandhafer angepflanzt, dessen Wurzelwerk den Sand besonders gut festhält. Unser von lockerer Vegetation gesäumter Weg führt uns weiter am südlichen Dünenrand entlang. Da entdecken wir wieder etwas Interessantes. Eine **GEMEINE SANDWESPE** hat eine Raupe gefangen und schleppt sie mit ihren Beinchen zu einem kleinen Loch im sandigen Boden. Dann zieht die Sandwespe die Raupe in den fast senkrecht angelegten Nestgang, um sie in einer kleinen Kammer am Ende des Ganges zu deponieren. Die Raupe ist nicht tot, sondern nur von wenigen Stichen betäubt. Die Sandwespe will sie nämlich nicht fressen, sondern ihren Nachwuchs damit füttern. Dazu legt sie ihr Ei an der Seite der Raupe ab. Dann verlässt die Sandwespe ihr Bodennest wieder und verschließt es mit einem passenden kleinen Steinchen, das sie zur besseren Tarnung noch mit Sand bedeckt. Aus dem Ei schlüpft in wenigen Tagen die Larve, die sofort beginnt, die Raupe zu fressen. Schließlich verpuppt sich die Lar-

Gemeine Sandwespe

GEMEINE SANDWESPE (Ammophila sabulosa) [KENNZEICHEN] Länge 1,4–2,4 Zentimeter. Der lange und schlanke Hinterleib ist vorn orangerot und hinten schwarz. [LEBENSRAUM] Trockene, sandige Böden mit spärlichem Bewuchs. [NAHRUNG] Die Sandwespe ernährt sich von Blütennektar. Ihre Larve frisst unbehaarte Schmetterlingsraupen (z.B. von Eulenfaltern). [SONSTIGES] Die Gemeine Sandwespe ist ein Beispiel für einen bei Insekten sehr selten vorkommenden Werkzeuggebrauch: Manchmal nimmt sie ein Steinchen, um den losen Sand über dem Eingang ihrer Brutröhre festzustampfen.

Blauflügelige Ödlandschrecke

ve, und nach einiger Zeit schlüpft daraus eine neue Sandwespe.

Wir stoßen nun auf einen schmalen Asphaltweg, halten uns links und biegen nach wenigen Metern nach rechts in einen Feldweg ab. Rechter Hand befindet sich magerer Sandboden mit Gräsern, Heide und einzelnen Eichen und Birken. Nach links hin haben wir Marschwiesen mit zugewachsenen Abzugsgräben im Blick. Dort sehen wir zwei Weißstörche. Sie suchen nach Fröschen und werden bald wegziehen, um den Winter in Afrika zu verbringen. Ein Mistkäfer krabbelt auf dem sonnenbeschienenen Weg. Seine Flügeldecken glänzen in einem blauschwarzen Farbton. Der Mistkäfer frisst den Kot von Pferden und anderen Pflanzenfressern wie etwa Schafen. Und die sind hier reichlich als »Öko-Rasenmäher« unterwegs und befreien Trockenrasen und Heideflächen vom Pflanzenaufwuchs, um so den offenen Charakter der Landschaft zu erhalten. Als wir weitergehen wollen, springt vor uns plötzlich ein Insekt auf, das wir vorher gar nicht gesehen haben. Es fliegt eine Strecke, zeigt dabei etwas Blaues und macht sich dann wieder unsichtbar: eine **BLAUFLÜGELIGE ÖDLANDSCHRECKE**. Sie ist ein Meister der Tarnung und »verschmilzt« beim Sitzen mit dem Untergrund. Dann bedecken nämlich

BLAUFLÜGELIGE ÖDLANDSCHRECKE (Oedipoda caerulescens) [**KENNZEICHEN**] Länge 1,3–2,9 Zentimeter; variable Körperfärbung, Vorderflügel mit zwei oder drei breiten, dunkleren Streifen. Die Hinterflügel sind leuchtend blau und haben eine schwarze Querbinde. [**LEBENSRAUM**] Sanddünen, Trockenrasen und andere trockenwarme Flächen mit spärlicher Vegetation. [**NAHRUNG**] Gräser, Kräuter und andere kleinere Pflanzen. [**SONSTIGES**] In Hamburg ist die Blauflügelige Ödlandschrecke vom Aussterben bedroht. Neben der Boberger Niederung kommt sie hier nur noch in der Fischbeker Heide vor.

die tarnfarbenen Vorderflügel die blauen Partien der Hinterflügel. Farbe und Zeichnung der Vorderflügel sind sehr variabel und passen sich dem jeweiligen Untergrund an. Es gibt graue und schwarze Tiere, aber auch rotbraune und gelbliche. Die Blauflügelige Ödlandschrecke kann zwar gut fliegen, hält sich aber meist am Boden auf. Nähert sich eine Eidechse oder ein anderer Fressfeind, springt sie nicht sofort weg wie andere Heuschrecken, sondern duckt sich auf den Boden und vertraut auf ihre Tarnung. Wird die Gefahr allerdings zu groß, fliegt die Blauflügelige Ödlandschrecke doch noch ein Stückchen weiter. Kurz vor der Landung schlägt sie einen Haken und entgeht so vielleicht dem Blick ihres hungrigen Feindes. Weiter am Südrand des Naturschutzgebiets entlang führt uns der teils sandige, teils grasbewachsene Weg an einer Gruppe von Holunder, Weißdorn, jungen Eichen und Birken vorbei. Eine Blutrote Heidelibelle sitzt auf dem warmen Boden. Und da kommt auch schon die nächste angeflogen, und dann noch eine. Diese Art ist hier ziemlich häufig. Das

Rauchschwalbe

RAUCHSCHWALBE (Hirundo rustica) [KENNZEICHEN] Länge 17–21 Zentimeter; oben blauschwarz, unten weiß. Braunrotes Gesicht und blauschwarzes Brustband. Tief gegabelter Schwanz mit lang ausgezogenen Schwanzspießen. [LEBENSRAUM] Offene Kulturlandschaft, Dörfer mit Bauernhöfen. [NAHRUNG] Fliegende Insekten. [SONSTIGES] Zugvogel, überwintert in Südafrika und ist von April bis September bei uns. Als Kulturfolger baut die Rauchschwalbe ihr schalenförmiges Nest aus Lehm gern im Inneren von Scheunen, Ställen und anderen landwirtschaftlichen Gebäuden. Wenn die Feldwege aber asphaltiert werden, fehlen Lehmpfützen, sodass die Rauchschwalbe kein Nestmaterial mehr findet und deshalb nicht brüten kann.

Männchen hat einen roten Hinterleib, beim Weibchen ist er ockerbraun. Nicht nur am Boden ist viel los, auch oben geht es lebendig her. Eine Rohrweihe segelt über uns hinweg, weiter hinten ist ein Trupp Stare zu sehen, und die Sommerluft ist erfüllt vom melodischen Zwitschern vieler **RAUCHSCHWALBEN**. Noch ist der Tisch für sie reich gedeckt, denn jetzt ist Insektenzeit. Doch bald wird die Nahrung knapper, und dann machen sich die auch als Hausschwalben bezeichneten Vögel auf den Weg in wärmere Gefilde. Rauchschwalben sind typische Zugvögel. Und sie legen lange Strecken zurück. Im Herbst fliegen sie bis nach Südafrika. Das sind sage und schreibe 9000 Kilometer! Im Frühjahr geht es wieder zurück. Manche Rauchschwalben finden dann sogar ihr Nest vom letzten Jahr wieder – und das ohne Navi und Google Maps. Ein kleines Wunder! Zwischen den vielen Rauchschwalben entdecken wir auch einige Mehlschwalben, die sich von den Rauchschwalben gut unterscheiden lassen. Während Rauchschwalben einen tief gegabelten Schwanz mit lang ausgezogenen Schwanzspießen besitzen, ist der Schwanz bei den Mehlschwalben nur schwach gegabelt. Außerdem fehlen die Schwanzspieße.

Wir gehen nun unter den ausladenden Kronen mehrerer alter Eichen hindurch. Auf einem dicken Stamm krabbeln viele Rote Waldameisen nach oben, um dort vom Honigtau der Blattläuse zu trinken. Kurz vor dem Haarteich gabelt sich der Weg. Wir halten uns links. Im Schilfröhricht am Teichufer sitzt eine Rohrammer, und über dem glitzernden Wasser flitzen einige Libellen. Der Teich ist nicht zugänglich, und zwar aus gutem Grund: Er ist Lebensraum für seltene Amphibien, darunter die Kreuzkröte. Der schmale unbefestigte Pfad trifft auf einen asphaltierten Weg, auf dem wir uns links halten. Er führt uns durch ein Gehölz mit Pappeln, Weiden, Ebereschen und Holunder, an einer von Kräutern und Sträuchern durchwucherten Röhrichtzone vorbei und schließlich durch Marschwiesen hindurch. Dann knickt der Weg nach rechts ab, und wir treffen auf den an dieser Stelle von Erlenbruch gesäumten Boberger Baggersee. Auf

Waldbrettspiel

einem besonnten Erlenblatt sitzt ein **WALDBRETTSPIEL**. Das ist ein Schmetterling, der sich im Licht und im Schatten dieses kleinen Bruchwalds besonders wohlfühlt. Hier im Baum können wir den Falter gut erkennen. Wenn er aber auf dem laubbedeckten Boden sitzt, ist er hervorragend getarnt, denn seine hellen Flügelflecken sehen den Lichtflecken auf den Blättern täuschend ähnlich. Jetzt fliegt ein weiteres Waldbrettspiel herbei, und im nächsten Moment sind die beiden Falter in einen heftigen Luftkampf verwickelt. Schließlich gibt sich das zweite Exemplar geschlagen, und der Sieger kehrt zu seinem exponierten Sonnenplatz zurück. Wir sind eben Zeuge eines Revierkampfs zweier Schmetterlingsmännchen geworden. Der Revierinhaber hat sein besonntes Erlenblatt erfolgreich gegen einen heranfliegenden Rivalen verteidigt. Auf diesem warmen Platz hat das Waldbrettspiel nicht nur einen guten Blick auf die nähere Umgebung, es kann dort auch genügend Energie tanken, um sich für den Balzflug mit einem paarungsbereiten Weibchen fit zu machen.

Jetzt geht es nach links und dann um den Baggersee herum. Er entstand Ende der 1950er Jahre durch Entnahme von Sand und Kies für den Bau der

WALDBRETTSPIEL (Pararge aegeria) [KENNZEICHEN] Flügelspannweite 4–4,5 Zentimeter; gelbliche Flecken auf den dunkelbraunen Oberseiten der Vorder- und Hinterflügel. Je ein Augenfleck auf den Vorderflügeln und je drei Augenflecke auf den Hinterflügeln. [LEBENSRAUM] Laubwald, Mischwald, Auwald, auch in baumreichen Parks und auf Friedhöfen anzutreffen. [NAHRUNG] Der Falter ernährt sich von süßen Baumsäften und reifen Früchten. Die hellgrüne, gestreifte Raupe frisst verschiedene Gräser. [SONSTIGES] Das Waldbrettspiel ist in Hamburg nicht mehr so häufig wie noch vor einigen Jahren.

Autobahn Hamburg-Lübeck. Der Baggersee ist nicht nur ein beliebtes Badegewässer, sondern auch ein wichtiger Lebensraum verschiedener Pflanzen- und Tierarten. So wächst hier beispielsweise der Wasserhahnenfuß und brütet an seinem Ufer der Haubentaucher. Über den Marschwiesen zur Linken fliegen einige Ringeltauben, und ein Mäusebussard kreist in der Thermik. Nach einigen Schritten auf dem Walter-Hammer-Weg halten wir uns rechts und gehen durch blühende Heideflächen. Hier gibt es viele Insekten. Überall summen die Bienen. Ein Käfer krabbelt über den sandigen Boden. Da! Eine **ZAUNEIDECHSE**, die sich zuvor auf einem Stein gesonnt hat, schießt blitzschnell auf ihn zu und schnappt sich das Insekt. Wir haben wirklich Glück, eine Zauneidechse beobachten zu können, denn dieses Reptil ist in Hamburg selten geworden. Mit nur etwa fünf Zentimetern Länge ist diese Echse allerdings ziemlich klein. Es handelt sich um eine junge Zaun-

Zauneidechsen (Männchen und Weibchen)

ZAUNEIDECHSE (Lacerta agilis) [KENNZEICHEN] Länge 19–22 Zentimeter; variable Färbung und Zeichnung. Die Männchen haben meist grüne Seiten, während diese bei den Weibchen oft grau oder braun sind. [LEBENSRAUM] Heiden, Dünen und andere Trockenstandorte, ebenso Wegränder oder Bahndämme. [NAHRUNG] Vor allem Insekten, aber auch Spinnen und Würmer. [SONSTIGES] Die Hamburger Zauneidechsenbestände sind stark rückläufig. Ursachen sind Lebensraumverlust, Einsatz von Insektiziden und Freizeitaktivitäten in den Biotopen. Eine Gefahr geht auch von freilaufenden Hunden und Katzen aus.

eidechse, die erst vor Kurzem aus ihrem Ei geschlüpft ist. Dies war zusammen mit mehreren anderen Eiern einige Wochen im Sand vergraben und ist während dieser Zeit langsam von den warmen Sonnenstrahlen ausgebrütet worden. Die kleine Zauneidechse muss aufpassen, nicht selbst gefressen zu werden, denn sie hat viele Feinde. Es kann sogar vorkommen, dass sie Opfer ihrer erwachsenen Artgenossen wird. Doch wenn die Zauneidechse überlebt, erreicht sie in etwa zwei Jahren die Geschlechtsreife und kann dann selbst für Nachwuchs sorgen.
Nun gehen wir am Rande eines Laubwaldes aus Eichen und Birken, dann durch Trockenrasen und schließlich über die große Düne zurück in Richtung unseres Ausgangspunkts, dem Boberger Dünenhaus.

HINWEISE

Nähere Auskünfte über das Naturschutzgebiet erhält man im Boberger Dünenhaus der Loki Schmidt Stiftung (www.loki-schmidt-stiftung.de), Boberger Furt 50, Telefon (040) 739 312 66, geöffnet dienstags bis freitags von 9 bis 13 Uhr, an Sonn- und Feiertagen von 11 bis 17 Uhr. Das Boberger Dünenhaus bietet verschiedene naturkundliche Veranstaltungen an, die sich auch mit den im Naturschutzgebiet lebenden Tierarten beschäftigen. Die Boberger Niederung lässt sich gut auf vier mit verschiedenen Symbolen markierten Wanderwegen erkunden: Dünenweg (Schmetterling), Moorweg (Vogel), Terrassenweg (Blume) und Wiesenweg (Hase). Eine gute Gebietskarte hat die Behörde für Umwelt und Energie herausgegeben, www.hamburg.de/bue/, Telefon (040) 428 403 416.

EIGENE BEOBACHTUNGEN

ZILP ZALP ZILP ZALP – EIN GARTEN FÜR VÖGEL

Ein Zilpzalp ruft ausdauernd seinen Namen, der winzige Zaunkönig schmettert lautstark seine Melodien und Triller, eine Mönchsgrasmücke flötet ihre klaren Tonfolgen. Wer sich im Garten am vielstimmigen Konzert der gefiederten Freunde erfreuen möchte, sollte ihn naturnah gestalten, denn sonst wird der Vogelchor nur schwach besetzt sein. Anlocken kann man Vögel mit einheimischen Blumen, Stauden, Sträuchern und Bäumen, die eine große Auswahl an Samen und Früchten bieten. Wenn Einheitsrasen und Ziergewächse wie Rhododendron, Scheinzypresse oder Serbische Fichte das Gartenbild dominieren, finden unsere Sänger hingegen kaum etwas zu fressen. Das Samen- und Insektenangebot im Schurrasen ist dürftig, und auch die Zierpflanzen werden von Insekten eher gemieden. Zudem sind viele Zierpflanzen gleich ganz auf Unfruchtbarkeit hin gezüchtet, andere wiederum tragen Früchte, mit denen die hiesige Vogelwelt nichts anzufangen weiß.

Zilpzalp

Einheimische Blumen, Stauden, Sträucher und Bäume locken die hungrigen Gartenbesucher nicht nur mit ihrer großen Auswahl an Samen und Früchten, sondern es leben auch viele Insekten auf ihnen, was die Insektenfresser wie etwa das Rotkehlchen oder die Heckenbraunelle freut. Wie vogelfreundlich heimische Pflanzen sind, lässt sich am Beispiel von Eberesche und Weißdorn ablesen: Man hat 63 Vogelarten gezählt, denen die ro-

Heckenbraunelle

ten Vogelbeeren schmecken. Am Weißdorn wurden 163 Insektenarten beobachtet – ein Paradies für Zilpzalp und andere insektenfressende Sänger.

Zaunkönig

Ein vogelfreundlicher Garten zeichnet sich durch seine Vielfalt aus. Er bietet den unterschiedlichsten Arten Lebensraum, das heißt vor allem Nahrung und Nistmöglichkeit. Dabei gilt: Je größer der Garten, desto mehr Kleinlebensräume lassen sich realisieren. Dann trommelt vielleicht ein Buntspecht am Stamm der alten Eiche, eine Gartengrasmücke brütet in der Wildrosenhecke, Stieglitz, Gimpel und Grünfink suchen in der Blumenwiese nach Samen, und eine Bachstelze badet im Flachwasser des Gartenteichs.

Aber auch in kleineren Gärten lässt sich einiges für die Vogelwelt tun. Nicht jedes »Unkraut« muss beseitigt werden, sondern eine gewisse Menge davon sollte ruhig an einigen Stellen wachsen dürfen. Herbstlaub sollte man nicht überall wegharken, denn auch darin lebt vielerlei nahrhaftes Kleingetier. Ein richtiges Schlaraffenland für die Piepmätze ist der Komposthaufen mit seinen vielen Würmern, Spinnen und Insekten. Schutz und Nistmöglichkeit finden Gartenvögel nicht nur in Hecken, Sträuchern und Bäumen, sondern manche auch in Reisighaufen oder in nicht ausgemörtelten Natursteinmauern. Hier können etwa Rotkehlchen oder Zaunkönig brüten. Wer den gefiederten Freunden zusätzliche Nisthilfen anbieten möchte, sollte die weniger häufigen Arten unterstützen. Halbhöhlen für Gartenrotschwanz, Grauschnäpper oder Bachstelze sind also Meisen- oder Starenkästen vorzuziehen.

Vogelschutz im Garten verlangt möglichst vollständigen Verzicht auf Pestizide. Mit vergifteten Insekten, Samen und Früchten vergiften sich auch deren Konsumenten. Viele Pestizide reichern sich dauerhaft im

Fettgewebe der Vögel an, beeinträchtigen deren Fruchtbarkeit und verursachen Störungen des Immun- und Nervensystems. Schadinsekten wie etwa Blattläuse lassen sich erfolgreich auf biologischem Wege bekämpfen. Und da können Vögel einen wichtigen Beitrag leisten. So vertilgt eine Kohlmeisenfamilie im Jahr rund 75 Kilogramm an Insekten und Spinnen. Ein Naturgarten ist zwar eine notwendige, aber keine hinreichende Bedingung für ein reiches Vogelleben. Wenn er von totgepflegten Gärten umgeben ist, in denen Gift gespritzt wird, oder wenn deren Besitzer ihre Katzen in der Brutzeit frei herumlaufen lassen, haben die Vögel nicht viel zu lachen.

Grünfink

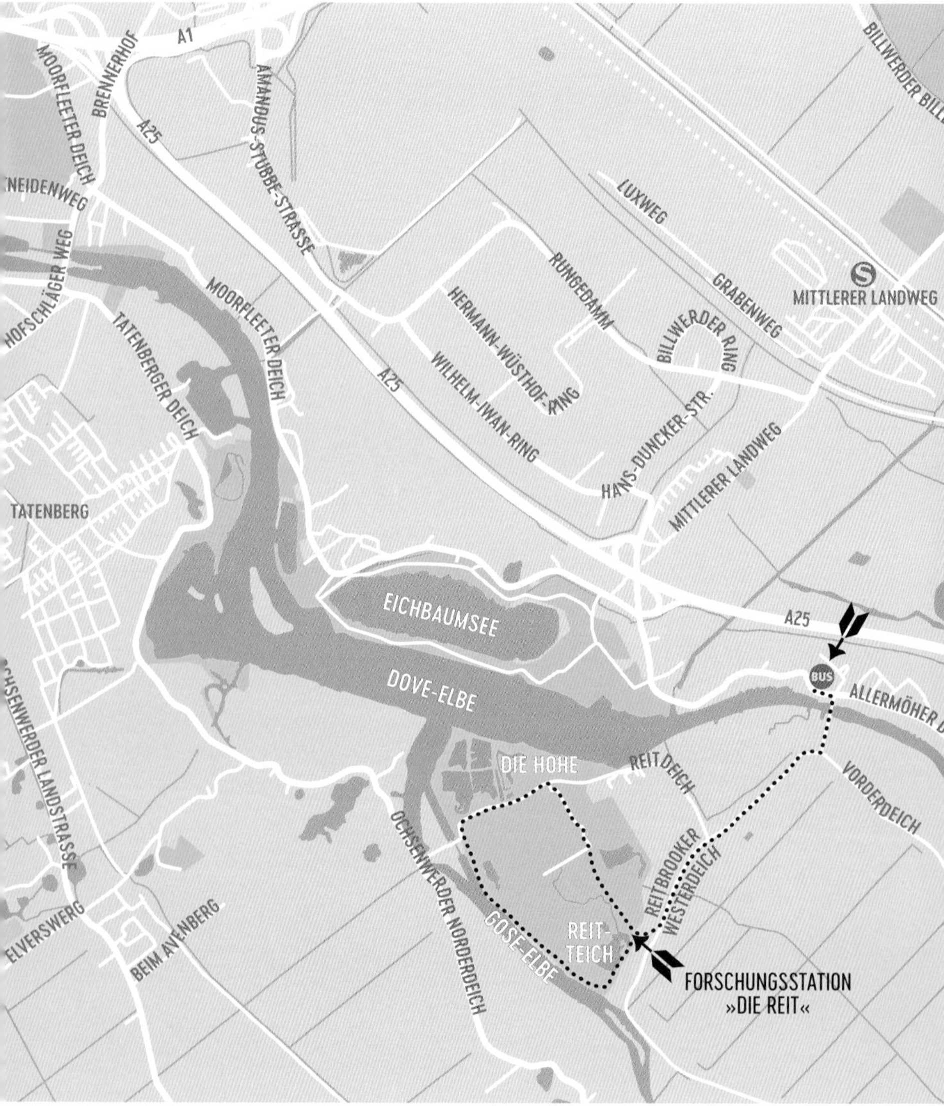

A1
BRENNERHOF
MOORFLEETER DEICH
AMANDUS-STUBBE-STRASSE
A25
NEIDENWEG
HOFSCHLÄGER WEG
MOORFLEETER DEICH
TATENBERGER DEICH
TATENBERG
LUXWEG
RUNGEDAMM
HERMANN-WÜSTHOF-RING
WILHELM-IWAN-RING
GRABENWEG
BILLWERDER RING
HANS-DUNCKER-STR.
MITTLERER LANDWEG
MITTLERER LANDWEG
BILLWERDER BILL
EICHBAUMSEE
DOVE-ELBE
A25
BUS
ALLERMÖHER D
DIE HOHE
REITDEICH
VORDERDEICH
OCHSENWERDER LANDSTRASSE
OCHSENWERDER NORDERDEICH
GOSE-ELBE
REITBROOKER WESTERDEICH
REIT-TEICH
FORSCHUNGSSTATION »DIE REIT«
ELVERSWEG
BEIM AVENBERG

DIE REIT

»Die Reit« ist Teil des im Verlauf der letzten Eiszeit entstandenen Urstromtals. Von den Flussarmen, in die sich die Elbe hier aufgespalten hatte, führten Gose Elbe und Dove Elbe das meiste Wasser, wurden aber bereits vor einigen Jahrhunderten abgedämmt und sind seitdem Relikte der ursprünglichen Landschaft. Vom 13. bis ins 19. Jahrhundert wurde Die Reit ausschließlich landwirtschaftlich genutzt. Von 1885 bis 1929 betrieb man Tonabbau für eine dortige Ziegelei. Das wachsende Hamburg hatte großen Bedarf an Backsteinen und Dachziegeln. Wo die Tonvorkommen abgebaut waren, wurden Korbweiden angepflanzt, um Material für Korbflechtereien zu liefern. In den 1930er Jahren wurde im Bereich des heutigen Naturschutzgebiets Boden für den Bau eines Deiches ausgehoben. Die so entstandene Grube füllte sich später mit Wasser und ist jetzt als großer Teich ein wichtiger Lebensraum für Fische, Amphibien und Vögel. Ein nach Abschluss des Deichbaus langsam wieder aufkommender Bruchwald fiel kurz nach Ende des Zweiten Weltkriegs dem gro-

Die Reit liegt in den Vier- und Marschlanden im Südosten Hamburgs. Da das Naturschutzgebiet mit öffentlichen Verkehrsmitteln nur schwer zu erreichen ist, empfiehlt sich eine individuelle Anreise über den Tatenberger Deich bis zur Reitschleuse. Anreise mit öffentlichen Verkehrsmitteln: Vom S-Bahnhof Bergedorf (S21) mit der unregelmäßig fahrenden Buslinie 222 bis Wulffsbrücke. Dann noch zwei Kilometer Fußweg auf dem Reitbrooker Westerdeich. Vom S-Bahnhof Mittlerer Landweg (S21) mit der unregelmäßig fahrenden Buslinie 221 bis Allermöher Kirche. Von dort noch 1,5 Kilometer Fußweg über die Kirchenbrücke, den Vorderdeich und den Reitbrooker Westerdeich.

ßen Brennholzbedarf der Hamburger zum Opfer. Erst danach konnte sich allmählich erneut Bruchwald ausbreiten.

KAMMMOLCH UND WEISSSTORCH

Die Reit ist ein Paradies für Amphibien und Vögel. In den zum Teil künstlich angelegten Gewässern laichen Erdkröte, Gras-, Laub- und Moorfrosch sowie Teich- und Kammmolch. Von Mitte Februar bis Ende März lässt sich nachmittags und abends die Amphibien-Wanderung über den Reitdeich beobachten. Sie haben nun ihre Winterquartiere verlassen und sind auf dem Weg zu ihren Laichgewässern. Besonders zahlreich sind Erdkröten vertreten. Ein Auto-Fahrverbot auf der asphaltierten Deichkrone verhindert den Tod unzähliger Lurche. Die Reit ist auch ein Eldorado für Vögel. Fast 200 Arten konnten bisher nachgewiesen werden, etwa Wasserralle, Rohrweihe, Rohrammer und Drosselrohrsänger. Die großen Röhrichtbestände und das ausgedehnte Weidengebüsch bieten vielen Vögeln, die hier brüten und das Gebiet auf ihrem langen Weg ins Winter- oder Sommerquartier zur Rast und Nahrungsaufnahme nutzen, Schutz und Nahrung. Eine Forschungsstation des NABU Hamburg am Reitbrooker Westerdeich

WEISSSTORCH (Ciconia ciconia) [KENNZEICHEN] Länge 95–110 Zentimeter; großer Schreitvogel mit schwarzweißem Gefieder, langem Hals, langem roten Schnabel und langen roten Beinen. Jungstörche mit dunkler Schnabelspitze. [LEBENSRAUM] Feuchte Wiesen, Sümpfe, flache Ufer von Gewässern. Als Kulturfolger brütet der Weißstorch gern auf Dächern, Schornsteinen und Kirchtürmen, nimmt aber auch künstliche Nisthilfen an. [NAHRUNG] Vielfältig: Regenwürmer, Insekten, Frösche, Molche, Eidechsen, Schlangen, Maulwürfe, Mäuse. Die Jungstörche werden vor allem mit Regenwürmern gefüttert. [SONSTIGES] Beim NABU Hamburg kümmert sich ein ehrenamtlicher Storchenbetreuer um das Wohl dieser schönen Vögel. Die meisten Weißstörche brüten in den Vier- und Marschlanden. Im Jahr 2017 konnten 22 Storchenpaare 46 Jungvögel großziehen.

befasst sich seit 1973 mit dem herbstlichen Vogelzug. Mithilfe von Beringung soll beispielsweise die Frage beantwortet werden, wie sich langfristig die Bestände ziehender Kleinvogelarten entwickeln. Bisher wurden über 120 000 Vögel von Ehrenamtlichen beringt.

Heute, an diesem warmen Juninachmittag, machen wir uns auf, um die Tierwelt im Naturschutzgebiet Die Reit auf einem Rundweg zu erkunden. Schon auf dem Gang dorthin über den Vorderdeich und den Reitbrooker Westerdeich gibt es einiges zu sehen. In der Dove Elbe schwimmt eine Nutria, auch Biberratte genannt. Gut erkennen wir ihre orangefarbenen Zähne. Dieser Nager stammt aus Südamerika und wurde bei uns eingebürgert. Wir haben Glück, ihm zu begegnen, denn er ist in Hamburg ziemlich selten. Fünf laut rufende Kanadagänse landen nicht weit von uns entfernt auf den extensiv beweideten Wiesen. Dort fressen nicht nur Kühe das saftige Gras, sondern auch viele Graugänse. Auf der asphaltierten Deichkrone finden wir einen plattgefahrenen Grasfrosch und wenig später noch einen Braunbrustigel, der ebenfalls einem Auto zum Opfer gefallen ist. Doch dann machen wir wieder eine schöne Entdeckung: Auf der feuchten Wiese rechts des Reitbrooker Westerdeiches schreitet ein **WEISSSTORCH** würdevoll umher und sucht nach Nahrung. Und da zappelt auch schon ein Frosch in seinem großen, roten Schnabel. Frösche bilden allerdings nicht den Hauptteil der Storchennahrung, wie oft angenommen wird. Der Schreitvogel frisst auch Mäuse und andere kleine Tiere. Sogar Insekten stehen auf seinem Speisezettel. Deshalb sucht er gern die Nähe von Kühen und

Weißstorch

anderem Weidevieh, da dieses die Krabbeltiere aufscheucht. Vogelkundler im damaligen Ostpreußen haben einmal den Mageninhalt verschiedener Weißstörche untersucht und kamen zu folgendem Ergebnis: Ein Weißstorch hatte 76 Maikäfer gefressen, ein anderer 730 Blattwespenlarven und ein dritter 1315 Feldheuschrecken. Als Zugvogel überwintert der Weißstorch in Afrika. Dort spielen Insekten sogar die Hauptrolle in seiner Ernährung. Besonders oft frisst er die in riesigen Schwärmen umherziehenden Wanderheuschrecken. Aus diesem Grund nennen ihn manche Indigene auch »Heuschreckenvogel«. Früher glaubten einige Menschen, der Weißstorch würde die kleinen Kinder im Schnabel herbeitragen, und gaben ihm den Namen »Adebar«. Dieses Wort kommt aus dem Germanischen und bedeutet »Glücksbringer«.

Jetzt erreichen wir die Forschungsstation »Die Reit« des NABU Hamburg und werden von den Gesängen einer Sumpfmeise und einer Mönchsgrasmücke empfangen. Als wir uns auf eine Holzbank an einem kleinen Teich, nicht weit von der Station, setzen wollen, entdecken wir eine große Raupe. Sie hat auffällige Augenflecke am Vorderkörper. Es ist die Raupe des Mittleren Weinschwär-

Bisamratte

BISAMRATTE (Ondatra zibethicus) [**KENNZEICHEN**] Länge (ohne Schwanz) rund 35 Zentimeter; größer als die Wanderratte, kleiner als Nutria und Biber. Braunes Fell, manchmal auch schwarz, die Unterseite ist heller. [**LEBENSRAUM**] Fließ- und Stillgewässer wie Flüsse, Bäche, Gräben, Teiche und Seen. [**NAHRUNG**] Allesfresser: Bevorzugt pflanzliche Nahrung, frisst aber auch Wasserschnecken, Muscheln, Krebse, manchmal auch Frösche und Fische. [**SONSTIGES**] Die stark an Wasserorte gebundene Bisamratte ist in der gewässerreichen Hansestadt nicht selten. Besonders häufige Vorkommen gibt es in den Vier- und Marschlanden und in der Süderelbmarsch. Das weiche Fell der Bisamratte war früher als Pelz sehr begehrt.

mers, einer Nachtfalterart. Fühlt sie sich bedroht, hebt sie den vorderen Körperabschnitt und bläht ihn auf. Mit den deutlichen Augenzeichnungen auf der gedehnten Haut sieht er einem Schlangenkopf zum Verwechseln ähnlich, was den Angreifer in die Flucht schlägt. Wir schauen auf das Teichwasser und sehen eine **BISAMRATTE**, die mit schlängelnden Schwanzbewegungen zum Ufer schwimmt und dort mit ihren Vorderpfoten die Blätter von Wasserpflanzen festhält, um sie zu fressen. Dass es eine Bisamratte und keine Nutria ist, lässt sich an ihrer Größe feststellen. Sie ist nämlich viel kleiner. Genau wie die Nutria gehört auch die Bisamratte zu den »Neozoen«. Das sind bei uns lebende Tiere, die hier früher nicht heimisch waren. Ursprüngliche Heimat der Bisamratte waren die Feuchtgebiete Nordamerikas. Im Jahre 1905 setzte ein böhmischer Fürst bei Prag einige Bisamratten aus, die er zuvor von einer Jagdreise nach Alaska mitgebracht hatte. Sie vermehrten sich sehr schnell und konnten schließlich ganz Europa besiedeln. Die Bisamratte wird als Schädling bekämpft, da sie ihre Wohnhöhlen auch in Dämme, Deiche und Uferbefestigungen gräbt. Infolgedessen brechen diese mitunter zusammen, was zu Überschwemmungen führt.

Nun geht es durch eine amphibische Niedermoor-Landschaft. Der schmale Weg ist von Weiden, Pappeln und anderen feuchtigkeitsliebenden Pflanzen gesäumt. Dazwischen sehen wir immer wieder kleinere und größere Gewässer. Hier jagt eine Pechlibelle nach Insekten, dort patrouilliert eine Blaugrüne Mosaikjungfer. Aus dem ausgedehnten Schilfröhricht hinter dem Weidengestrüpp hören wir die Stimmen von Teichrohrsängern. Auch eine Rohrammer meldet sich. Im Gras am Wegesrand hüpft ein Frosch. Als wir uns nähern wollen, springt er auf das große Schwimmblatt einer Seerose. Es ist ein **GRASFROSCH**, eine noch relativ häufige Amphibienart. Jetzt im Frühsommer ist auch sein Nachwuchs unterwegs. Und da sehen wir auch schon zwei Mini-Grasfrösche. Diese Jungtiere haben schon einiges hinter sich. Als Ei und Kaulquappe sind sie immerhin nicht Opfer von hungrigen Libellenlarven oder gefräßigen Gelbrandkäfern geworden. Aber auch jetzt müssen sie sich vor Vögeln und anderen Fressfeinden in Acht nehmen. Später im Jahr suchen sich die jungen Grasfrösche ein Erdloch oder eine andere frostfreie Stelle zum Überwintern. Dabei können sie Wanderungen von mehreren Hundert Metern unternehmen. Manchmal verbringen die Grasfrösche die kalte Jahreszeit auch eingegraben am Grunde von Teichen und Seen. Dort liegen die Temperaturen konstant bei vier Grad Celsius, sodass sie nicht erfrieren müssen.

Wir kommen an einem Weißdorn vorbei, der in schöner Blüte steht. Auf einigen Zweigen wachsen Moose und Flechten. Viele Bienen, Fliegen und andere Insekten sind zu sehen, und auch für Vögel, die gern im Schutz seiner dornigen Zweige brüten und im Herbst seine Früchte fressen, ist dieser Strauch ein kleines Paradies. Jetzt fliegt ein kleiner Schmetterling herbei und setzt sich auf ein Erlenblatt. Seine Färbung und Zeichnung erinnern uns an den Kot von Vögeln. Der Vogelschmeiß-Spanner ist ein Nachtschmetterling, der aber auch am Tage fliegt. Da! Im dunkelbraunen Moorwasser schwimmt ein

Grasfrosch

GRASFROSCH (Rana temporaria) [KENNZEICHEN] Länge 7–10 Zentimeter; variable Färbung und Zeichnung, Oberseite oft bräunlich, rötlich, olivgrün oder gelb, meist mit schwarzbraunen Flecken. Die häufig dunkel marmorierte oder gesprenkelte Unterseite ist weiß, gelb oder orange. [LEBENSRAUM] Während der Paarungszeit stehende und langsam fließende Gewässer. Sonst ganz unterschiedliche Biotope, etwa Grünland, Moore, Wälder, aber auch Gärten und Parks. [NAHRUNG] Würmer, Insekten, Spinnen, Schnecken. Die Larven fressen bevorzugt Algen. [SONSTIGES] Der Grasfrosch ist weitverbreitet. Nur während der Paarungszeit im Frühjahr lebt er im Wasser, den Rest des Jahres hält er sich an Land auf. Nicht wenige Grasfrösche kommen während ihrer Wanderung vom Winterquartier zum Laichgewässer durch den Straßenverkehr ums Leben.

großer **KAMMMOLCH**. Er hat seine Paarungszeit bereits hinter sich, und aus den vielen einzeln an Blättern von Wasserpflanzen angehefteten Eiern ist bereits der Nachwuchs geschlüpft. Noch zeigt sich unser Molch in seiner schönen Wassertracht, mit tief gezacktem Kamm auf dem Rücken. Später verliert er diesen Schmuck und sieht danach in seiner Landtracht viel unscheinbarer aus. Dann verbringt der Kammmolch die Tage häufig unter heruntergefallenen Ästen, Steinen und anderen Verstecken. Nachts geht er auf Jagd, entweder im Wasser oder an Land. Er frisst gern Regenwürmer, Nacktschnecken, aber auch Kaulquappen und Froschlaich. Da der Kammmolch wie alle Amphibien wechselwarm ist, seine Körpertemperatur also von der Außentemperatur abhängt, muss er sich in der kalten Jahreszeit unter Laubhaufen, Baumstubben oder anderen geschützten Stellen ein frostfreies Plätzchen zum Überwintern suchen. Wird es wieder wärmer, macht sich der Kammmolch auf den Weg zu seinem Laichgewässer. Geht es dabei über eine Straße, kann er leicht überfahren werden.

Langsam gelangen wir in den nördlichen Teil des Naturschutzgebiets. Er ist etwas höher gelegen und damit nicht mehr ganz so feucht. Unser Weg führt

Kammmolch

KAMMMOLCH (Triturus cristatus) [KENNZEICHEN] Länge bis zu 18 Zentimeter. Das Weibchen ist etwas größer als das Männchen; dunkle Flecken auf der schwarzbraunen Oberseite und orangegelben Unterseite. In der Balzzeit besitzen die Männchen einen hohen, gezackten Kamm. [LEBENSRAUM] Der Kammmolch verbringt einen großen Teil des Jahres in Teichen und Weihern mit ausgeprägter Ufer- und Unterwasservegetation. Der Landlebensraum sollte möglichst in unmittelbarer Nähe liegen und ausreichend Versteckmöglichkeiten bieten. [NAHRUNG] Regenwürmer, kleine Krebse, Insekten, Schnecken, Froschlaich und Kaulquappen. [SONSTIGES] In Hamburg sind Die Reit und das im Jahre 2011 hinzugekommene Teichgebiet Die Hohe die wichtigsten Lebensräume des seltenen Kammmolchs.

durch einen kleinen Wald aus hohen Birken, Pappeln, Eschen und Weiden. Hier und da liegen umgestürzte Bäume, auf denen sich Moose und Pilze angesiedelt haben. Auf einem Mauerrest der alten Ziegelei sehen wir einen Weberknecht, eine Schnirkelschnecke und eine zu den Krebstieren gehörende Kellerassel. Jetzt gehen wir den Reitdeich entlang und lassen unseren Blick über Die Hohe schweifen. Diese grüne Teichlandschaft ist ein wertvoller Lebensraum für seltene Libellen wie das Große Granatauge und bedrohte Amphibien wie Moorfrosch und Kammmolch. Nun kommt ein **SILBERREIHER** mit gemächlichem Flügelschlag angeflogen. Im Flug ist sein langer Hals wie bei dem nahe verwandten Graureiher S-förmig gekrümmt. Der Silberreiher landet am Ufer eines Teiches, um dort Frösche zu fangen. Dieser elegante weiße Schreitvogel ist weltweit verbreitet. In Europa brütet er vor allem in Ungarn und anderen südosteuropäischen Ländern. Wenn er Hochzeit feiern will, balzt er und bringt sich so in Paarungsstimmung. Dabei spreizt er seine zarten, mit langen dünnen Seitenästen versehenen Schmuckfedern radförmig ab. Besonders in Südosteuropa haben ihn diese schönen Federn fast zum Aussterben gebracht.

Silberreiher

SILBERREIHER (Casmerodius albus) [KENNZEICHEN] Länge 85–100 Zentimeter; sehr großer, weißer Reiher mit langen dunklen Beinen und langem Hals. Der gelbe, dolchförmige Schnabel ist zur Brutzeit bis auf die gelbe Basis schwarz. [LEBENSRAUM] Schilfgürtel an Seen und Flüssen, außerhalb der Brutzeit auch auf Grünland. [NAHRUNG] Insekten, Fische, Amphibien, Reptilien und Mäuse. [SONSTIGES] Silberreiher können bei uns immer häufiger beobachtet werden. Ursprünglich brüteten sie vor allem in Südosteuropa. Der erste Brutnachweis in Deutschland gelang 2012 in Mecklenburg-Vorpommern.

Im 19. und zu Beginn des 20. Jahrhundert war es bei den dortigen Damen nämlich Mode, Hüte mit Silberreiher-Schmuckfedern zu tragen. Die armen Vögel wurden deshalb in großer Zahl geschossen, und die Bestände drohten völlig zusammenzubrechen. Erst in letzter Minute verbot man die Jagd und stellte den Silberreiher unter Schutz. Dadurch konnten sich seine Bestände allmählich wieder erholen.

Den letzten Teil unserer schönen Wanderung gehen wir noch ein Stückchen auf dem Deich. Rechts fließt die Gose Elbe und links blicken wir auf Bruchwald. Auf den feuchten Wiesen zwischen Deich und Gose Elbe gibt es noch einen kleinen Bestand der seltenen Schachblume, die jetzt aber nicht mehr blüht. Aus dem Schilfröhricht am Flussufer hören wir den lauten Gesang eines Drosselrohrsängers, und über uns attackieren zwei Rabenkrähen einen Sperber, der dann davonfliegt. Als wir vor dem dicken Stamm einer alten Weide stehen bleiben, um die interessante Struktur seiner Rinde zu betrachten, entdecken wir einen großen schlanken Käfer mit sehr langen Fühlern, einen **MOSCHUSBOCK**. Doch wir sehen ihn nicht nur, wir riechen ihn auch. Seinen Namen verdankt dieser schöne Bockkäfer nämlich dem moschusartig riechenden Sekret, das er aus seinen Hinterbrustdrüsen absondert. Er nutzt es wahrscheinlich, um Vögel und andere Fressfeinde abzuschrecken. Dieses Sekret wurde früher auch zum Aromatisieren von Pfeifentabak verwendet. Der Käfer frisst gern Pollen.

MOSCHUSBOCK (Aromia moschata) [KENNZEICHEN] Länge 1,3–3,5 Zentimeter; großer bronzefarbener oder grün- bis blauviolett glänzender Bockkäfer. Die Fühler sind beim Männchen länger als der Körper, beim Weibchen etwa körperlang oder kürzer. [LEBENSRAUM] Auwälder und andere Feuchtgebiete mit alten Weiden, Erlen und Pappeln. [NAHRUNG] Der Käfer ernährt sich von Pollen verschiedener Pflanzen und von ausfließenden süßen Baumsäften, seine Larve frisst bevorzugt das Holz der Weide, aber auch Erlen- und Pappelholz. [SONSTIGES] Der Moschusbock kann von Juni bis August beobachtet werden. Seine im weichen Holz lebende Larve braucht für ihre Entwicklung zwei bis drei Jahre.

Moschusbock

Da er ziemlich groß ist, besucht er am liebsten Blütendolden. Die Larve des Moschusbocks ernährt sich häufig vom morschen Holz alter Weiden. Besonders die Kopfweide hat es ihr angetan. Da diese leider immer seltener wird, ist der Moschusbock mittlerweile in seinem Bestand gefährdet. Zum Abschluss unseres abwechslungsreichen Ausflugs werfen wir noch einen Blick auf den großen Reitteich. Hier schwimmen Schnatterenten, Reiherenten und Haubentaucher. Am Ufer steht ein Graureiher. Wir wollen schon gehen, da setzt sich eine Große Königslibelle auf den Holzzaun vor uns, um sich von der Abendsonne wärmen zu lassen.

HINWEISE

Das Naturschutzgebiet Die Reit wird vom NABU Hamburg betreut: www.hamburg.nabu.de, Telefon (040) 69708933, der jedes Jahr im Herbst an einem Familientag Einblicke in die Arbeit der dortigen Vogelforschungsstation bietet. Adresse: Reitbrooker Westerdeich 68, 21037 Hamburg. Die Forschungsstation ist vom 30. Juni bis zum 6. November besetzt.
Wer für mindestens sieben Tage in der Vogelforschungsstation mitarbeiten möchte, kann sich anmelden unter: reit@NABU-Hamburg.de *Die NABU-Arbeitsgruppe Bergedorf organisiert Führungen durch Die Reit mit anschließender Besichtigung der Vogelforschungsstation. Kontakt: Gustav.Koenig@gmx.de*

EIGENE BEOBACHTUNGEN

ERDKRÖTE UND RINGELNATTER – AMPHIBIEN UND REPTILIEN

Wer an einem lauen Märzabend einen Frühlingsspaziergang auf dem Reitdeich in den Vier- und Marschlanden unternimmt, muss aufpassen, dass er nicht auf eine der unzähligen Amphibien tritt, die hier die asphaltierte Deichkrone überqueren. Diese sowohl im Wasser als auch auf dem Land lebenden Tiere haben ihre Winterquartiere verlassen und wandern zu den Laichgewässern. Es sind überwiegend Erdkröten. Immer wieder sieht man Paare. Die Männchen sitzen auf ihren Weibchen und lassen sich von ihnen huckepack zum Wasser tragen. Dort feiern die beiden Hochzeit, und es entwickelt sich eine neue Generation von Erdkröten. Zwischen den Erdkröten sind auch viele Grasfrösche, einige Moorfrösche und Kammmolche unterwegs. Früher wurden nicht wenige der hier zu sehenden Amphibien von Autos plattgefahren. Heute ist dieser Abschnitt des Reitdeichs für den Verkehr gesperrt. Von den in Hamburg lebenden Amphibienarten weist nur die Erdkröte stabile Bestände auf. Alle anderen Arten sind gefährdet. Die Kreuzkröte und der Laubfrosch drohen sogar auszusterben.

Wenn sich die im Wasser lebenden Kaulquappen in junge Erdkröten verwandelt haben, sind diese winzigen Lurche oft in größeren Massen unterwegs zu ihren Landlebensräumen. Der Volksmund spricht dann von »Froschregen«. Dieses Phänomen lässt sich gut am Falkensteiner Ufer beobachten. Im Sommer sind dort Tausende der Mini-Erdkröten unterwegs. Sie müssen die Straße an der Elbe überqueren, um von den Laichgewässern zu den nahegelegenen Parks zu gelangen. Um die Tiere vor dem Autoverkehr zu schützen, hat der NABU Hamburg Krötenzäune entlang der Straße errichtet und in regelmäßigen Abständen Eimer in den Boden ein-

Erdkröte

gegraben. Treffen die Erdkröten auf den Zaun, hüpfen sie an ihm entlang und purzeln in die Eimer. Dann tragen Ehrenamtliche die gefüllten Eimer über die Straße und lassen die Kröten auf der anderen Seite wieder frei. Amphibien droht aber nicht nur der Straßentod, sie sind auch vielen weiteren Gefahren ausgesetzt. Besonders die Zerstörung von Feuchtbiotopen lässt die Bestände schrumpfen. Durch das rasante Insektensterben finden die Amphibien zudem immer weniger Nahrung.

Begegnet eine Erdkröte einer Ringelnatter, dann stellt sie sich auf alle Viere und pumpt ihren Körper mit Luft auf. Nun ist die Kröte viel größer als üblich, was die Schlange meist so beeindruckt, dass sie von der erhofften Beute ablässt. Die Ringelnatter gehört zu den Reptilien. Während die Amphibien eine dünne, drüsenreiche Haut besitzen und feuchte Lebensräume bevorzugen, ziehen die Reptilien meist trockenere Biotope vor. Hier sonnen sie sich gern. Ihre mit Schuppen bedeckte Haut schützt vor Verdunstung. Die in Hamburg lebenden Reptilienarten sind sämtlich gefährdet. Die Kreuzotter ist sogar schon vom Aussterben bedroht. Neben den beiden einheimischen Schlangenarten sind in Hamburg manchmal auch Exoten zu sehen. So schlängelte sich einmal eine Dreiecksnatter auf einem Baugerüst in Schnelsen entlang, zwei weitere entdeckten Fußgänger in Bergedorf. Diese in Nordamerika lebenden Schlangen wurden von verantwortungslosen Haltern ausgesetzt und landeten schließlich wie manche Kornnatter, Königspython, Boa constrictor und viele andere exotische Arten im Tierheim Süderstraße.

Wie die exotischen Schlangen haben auch die ausgesetzten Rotwangen-Schmuckschildkröten, die in den Wallanlagen und auf dem Ohlsdorfer

Ringelnatter

Friedhof kleinere Bestände bilden, eigentlich nichts in Hamburgs Natur zu suchen. Ihre Heimat ist Nordamerika. Echte »wilde Hamburger« sind allerdings die Waldeidechse und die Zauneidechse. Da ihre Lebensräume immer weiter schwinden, lassen sich diese Reptilien nur noch mit etwas Glück beobachten. Einer der Gründe für den Rückgang der beiden Eidechsenarten ist die stete Zunahme der Bebauung. So gehen durch den Trend zum »Wohnen im Grünen« viele wertvolle Flächen in den oft noch naturnahen Randbereichen der Hansestadt verloren. Wer dort einen Garten hat und etwas für die Eidechsen tun möchte, sollte diesen so gestalten, dass sie sich darin wohlfühlen. So kann man ihnen etwa einen Steinhaufen als Sonnenplatz und Totholz zum Verstecken anbieten und darauf hoffen, später vielleicht so einen »Mini-Saurier« als Nachbarn begrüßen zu dürfen.

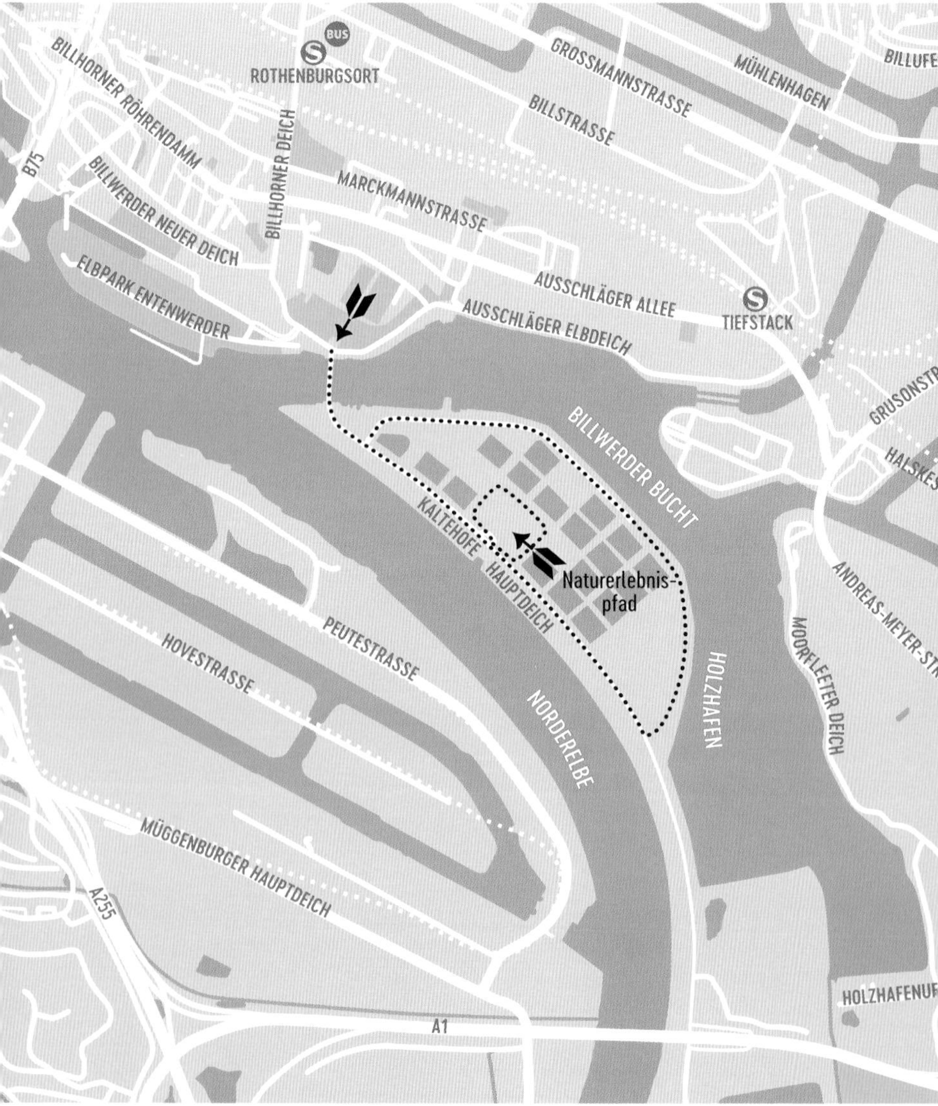

BUS
ROTHENBURGSORT
BILLHORNER RÖHRENDAMM
B75
BILLWERDER NEUER DEICH
BILLHORNER DEICH
GROSSMANNSTRASSE
MÜHLENHAGEN
BILLUFE
BILLSTRASSE
MARCKMANNSTRASSE
ELBPARK ENTENWERDER
AUSSCHLÄGER ALLEE
AUSSCHLÄGER ELBDEICH
TIEFSTACK
GRUSONSTR
BILLWERDER BUCHT
HALSKES
KALTEHOFE HAUPTDEICH
Naturerlebnis-
pfad
ANDREAS-MEYER-STR
MOORFLEETER DEICH
HOLZHAFEN
PEUTESTRASSE
HOVESTRASSE
NORDERELBE
MÜGGENBURGER HAUPTDEICH
A255
HOLZHAFENUF
A1

ELBINSEL KALTEHOFE

Auf der Elbinsel Kaltehofe erbauten die Hamburger Wasserwerke im Jahre 1893 ein Filtrierwerk. Es bestand aus 22 Filterbecken und versorgte die Städter fast einhundert Jahre lang mit Trinkwasser. 1990 wurde es stillgelegt und blieb dann zwanzig Jahre lang sich selbst überlassen. In dieser Zeit konnte sich die Natur das Gelände langsam wieder zurückerobern. Heute sind aus der ehemaligen Industrieanlage ein Industriedenkmal, ein Museum und ein ökologisch wertvoller Naturpark mit vielen Tier- und Pflanzenarten entstanden. So wurden allein 15 Weichtierarten, 44 Vogelarten und sieben Fledermausarten gezählt. Die reichhaltige Pflanzenwelt kann mit 281 Arten aufwarten. Nur ein kleiner Teil der Elbinsel Kaltehofe ist für den Besucher zugänglich. Hier hat er die Möglichkeit, auf einem Naturerlebnispfad Einzelheiten über die Tier- und Pflanzenwelt zu erfahren. Verschiedene Tafeln geben genauere Informationen. So erfährt der Interessierte beispielsweise etwas über den Biber, der hier schon gesichtet wurde, über Wildbienen, die wichtige Bestäuber von Blüten sind, oder über die Tiere, die in und an den Filterbecken leben.

Die Elbinsel Kaltehofe liegt im Südosten Hamburgs im Stadtteil Rothenburgsort. Sie wird im Norden von der Billwerder Bucht und im Süden von der Norderelbe begrenzt. S-Bahn (S2, S21) bis Rothenburgsort, von dort noch etwa 2,5 Kilometer Fußweg; S-Bahn (S2, S21) bis Tiefstack, von dort noch etwa 3 Kilometer Fußweg; Buslinien 3, 120, 124, 130 bis Billhorner Deich, von dort noch etwa 2 Kilometer Fußweg. Einige Parkplätze auf dem Ausschläger Elbdeich und auf dem Kaltehofe-Hauptdeich vor der Straßensperre. Kostenpflichtige Parkplätze auf dem Gelände der Stiftung Wasserkunst Elbinsel Kaltehofe, Kaltehofe-Hauptdeich.

ZEBRA-SPRINGSPINNE UND ROTE MAUERBIENE

Der im Jahre 2017 neugestaltete Naturerlebnispfad führt zu einem großen Teil an den ehemaligen Filterbecken vorbei. Einige von ihnen haben sich im Laufe der Zeit in Feuchtbiotope mit zahlreichen Tier- und Pflanzenarten verwandelt und laden zu interessanten Beobachtungen ein. Libellen wie der Große Blaupfeil oder der Plattbauch schwirren über das Wasser und jagen nach Insekten, Vögel wie der Teichrohrsänger oder die Rohrammer bauen sich ihre Nester im Schilfröhricht, und die Kaulquappen von Erdkröte und Wasserfrosch tänzeln mit ihren Schwänzchen durch das seichte Uferwasser. Wer Glück hat, entdeckt im Wasser sogar kleine Schwärme von Plötzen und Rotfedern, manchmal ist auch ein Barsch dabei. Doch nicht nur die ehemaligen Filterbecken ermöglichen vielfältige Einblicke in die Natur. Auch die duftenden Wildkräuterwiesen laden zum Verweilen und Beobachten ein. Dort gaukeln bunte Schmetterlinge wie der Kleine Fuchs oder das Tagpfauenauge von Pflanze zu Pflanze, um mit ihrem Saugrüssel Nektar zu tanken und gleichzeitig die Blüten zu bestäuben.

An einem schönen Tag Ende Mai statten wir der Elbinsel Kaltehofe einen Besuch ab. Von der S-Bahn-Station Rothenburgsort geht es nach links den Billhorner Deich entlang. In einer Linde am Straßenrand springt ein Eichhörnchen von Ast zu Ast. Über uns fliegen einige Ringeltauben. Wir kommen am Betriebsgelände von Hamburg Wasser vorbei. Dort präsentiert das Wasserforum eine umfassende Ausstellung zur Wasserversorgung Hamburgs. Jetzt passieren wir einen ehemaligen Wasserturm und gehen auf dem Ausschläger Elbdeich bis zum Sperrwerk Billwerder Bucht. Über eine Brücke gelangen wir auf die Elbinsel Kaltehofe. Kurz vor der Straßensperre biegen wir nach links in den Kaltehofe-Hinterdeich. Im Wäldchen rechter Hand trommelt ein Buntspecht, und ein Buchfink schmettert seine lauten Strophen. Weiter geht es entlang des abgezäunten Geländes

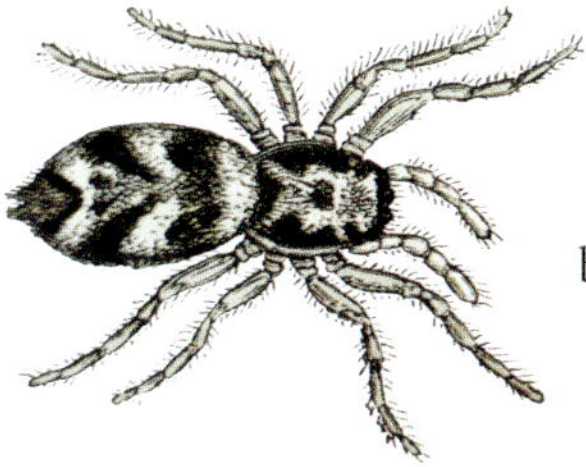

Zebra-Springspinne (Weibchen)

der Stiftung Wasserkunst Elbinsel Kaltehofe. Eine der Aufgaben dieser Stiftung besteht in der Förderung des Naturschutzes. Und so bleibt auch der größte Teil von Kaltehofe der Natur überlassen. Als wir unseren Blick über die feuchten Wiesen und alten Filterbecken schweifen lassen, bemerken wir zufällig eine **ZEBRA-SPRINGSPINNE**. Sie sitzt auf einem hölzernen Leitungsmast direkt vor uns. Ihren Namen verdankt diese kleine Spinne zum einen dem Zebramuster ihres Hinterleibs und zum anderen ihrer Fähigkeit, kleinere und größere Sprünge zu machen. Sie baut sich nämlich kein Netz wie die Kreuzspinne oder die Wespenspinne, sondern hat eine ganz besondere Methode entwickelt, an Fressbares zu gelangen. Die Zebra-Springspinne besitzt riesige Augen, die ihr ein gutes räumliches Sehen und ein Abschätzen von Entfernungen ermöglichen. Entdeckt sie eine Mücke oder ein anderes kleines Insekt, pirscht sie sich bis auf wenige Zentimeter heran, packt dann die Beute im blitzschnellen Sprung

Zebra-Springspinne (Männchen)

ZEBRA-SPRINGSPINNE (Salticus scenicus) [KENNZEICHEN] Länge 4–7 Millimeter. Der Hinterleib ist schwarzweiß quergestreift; kurze und kräftige Beine. Von den acht Augen sind die beiden Frontaugen besonders groß. Das Weibchen ist etwas größer als das Männchen. [LEBENSRAUM] Der natürliche Lebensraum sind steinige Trockenrasen. Diese wärmeliebende Art sitzt aber auch gern auf sonnenbeschienenen Hauswänden, Zaunpfählen oder Felsen. [NAHRUNG] Kleine Insekten wie Mücken und Fliegen. [SONSTIGES] Die Zebra-Springspinne ist häufig und hält sich gern in der Nähe des Menschen auf. So findet man diesen völlig harmlosen Insektenjäger auch in manchen Wohnungen.

Sumpfrohrsänger

und tötet sie mit ihrem Gift. Und die Zebra-Springspinne weiß sich zu helfen, wenn es darum geht, einen Absturz nach missglücktem Fangversuch zu vermeiden. Vor dem Sprung spinnt sie noch schnell einen Faden, den sie im Falle eines Falles als Sicherheitsleine nutzt. So kann die Zebra-Springspinne immer wieder leicht an ihren Ausgangspunkt zurückklettern.

Nachdem wir noch an einigen weiteren Filterbecken vorbeigegangen sind, kommen wir in den südlichen Teil der Elbinsel Kaltehofe. Er gehört schon zum Naturschutzgebiet Holzhafen. Ein Schild mit einem Seeadler macht uns darauf aufmerksam. Zuerst führt unser Weg an einem urwüchsigen Wald vorbei. Dort wachsen Pappeln, Birken, Weiden und andere Bäume. Über uns kreist ein Mäusebussard, und ein Eichelhäher verrät sich mit lautem Rätschen. Jetzt kommen wir an den Kaltehofe-Hauptdeich, wo wir auf der Deichkrone nach rechts in Richtung des Naturerlebnispfads wandern. Von hier oben hat man einen schönen Blick. Links fließt die Norderelbe, und rechts schauen wir auf unterholzreichen Wald. Aus einem Gebüsch ertönt der nicht enden wollende Gesang eines **SUMPFROHRSÄNGERS**.

SUMPFROHRSÄNGER (Acrocephalus palustris) [KENNZEICHEN] Länge 13–15 Zentimeter; graubraune Oberseite und gelblichweiße Unterseite. Männchen und Weibchen sehen gleich aus. [LEBENSRAUM] Feuchte und trockene Lebensräume: Uferbereiche von Seen und Fließgewässern. Gebüsche, Felder und verwilderte Gärten. [NAHRUNG] Insekten und deren Larven, Spinnen. [SONSTIGES] Der Sumpfrohrsänger ist ein Langstreckenzieher. Er überwintert südlich der Sahara. Bei uns ist er nur von Mai bis September anzutreffen. Der Hamburger Brutbestand entwickelt sich positiv und belief sich 2012 auf 2300 Paare.

Doch tixt da nicht auch noch eine Amsel und klingelt eine Blaumeise? Nein, es ist der Sumpfrohrsänger, der ihre Stimmen in seinen Gesang eingebaut hat. Als sogenannter Spottsänger besteht sein Lautrepertoire fast ausschließlich aus Rufen und Gesängen artfremder Vögel. Welchen biologischen Sinn das Spotten hat, ist bisher noch nicht genau erforscht. Der Sumpfrohrsänger ist ein besonders begabter Spottsänger. Er imitiert nicht nur die Stimmen einheimischer Vögel, sondern auch die Rufe und Gesänge afrikanischer Arten, denn dieser Super-Spottsänger ist ein Zugvogel, der den Winter in Afrika verbringt und von den dortigen Vorbildern lernt. Es wird von einem Sumpfrohrsänger berichtet, der die Stimmen von sage und schreibe 212 anderen Vogelarten imitieren konnte, darunter waren 113 Stimmen afrikanischer Vögel!

Jetzt betreten wir den öffentlich zugänglichen Teil der Stiftung Wasserkunst Elbinsel Kaltehofe und machen einen Rundgang auf dem Naturerlebnispfad. Bienen summen, Vögel zwitschern, und über dem Wasser eines ehemaligen Filterbeckens flitzen einige Libellen. Eine große Tafel informiert uns über Wildbienen. Genau wie die Honigbienen sind auch die Wildbienen wichtige Blütenbestäuber. In Deutschland leben etwa 560 Wildbienenarten. Doch leider steht mehr als die Hälfte dieser kleinen Insekten auf der Roten Liste, ist also vom Aussterben bedroht. Woran liegt das? Durch die Vernichtung ihrer Lebensräume finden die Wildbienen immer weniger Blüten zum Nektar- und Pollensammeln und auch immer weniger Nistmöglichkeiten. Wir sehen jetzt zwar keine Wildbiene, dafür aber eine schöne blaue Libelle, einen **GROSSEN BLAUPFEIL**. Er sitzt auf der steinigen Uferbefestigung des Filterbeckens und lässt sich von der Sonne wärmen. Nun fliegt die große Libelle wieder los und saust ganz dicht über das Wasser, um Insekten zu fangen. Da kommt noch ein weiterer Großer Blaupfeil angeflogen. Im Flug bilden die beiden mit ihren Körpern eine herzförmige Figur, das sogenannte Paarungsrad, und feiern Hochzeit. Dann landet das Paarungsrad auf dem Boden. Wir nähern uns vorsichtig, doch die scheuen Libellen fliegen gleich wieder los, immer noch als Paarungsrad verbunden. Gleich nach der Paarung streift das Weibchen seine Eier mit sanft wippenden Bewegungen auf der Wasseroberfläche ab. Dabei wird es vom Männchen bewacht, das eventuell herannahende Rivalen sofort vertreibt. Die aus den Eiern schlüpfenden Larven des Großen Blaupfeils leben am Grunde des Filterbeckens. Sie sind sehr gefräßig und ernähren sich von Kleinkrebsen und Wasserinsekten. Manchmal fangen sie sogar Kaulquappen. Während ihrer bis zu drei Jahre dauernden Entwicklung häuten sich die Larven mehrere Male.

Großer Blaupfeil (Weibchen)

Das nächste Filterbecken, an dem wir vorbeigehen, ist an seinen Ufern dicht bewachsen. Wir sehen Schilfröhricht, Weiden und andere feuchtigkeitsliebende Pflanzen. Im Schilf leben viele Tiere. Der Teichrohrsänger baut hier sein Nest, und auch die nachtaktive Zwergmaus ist zwischen den

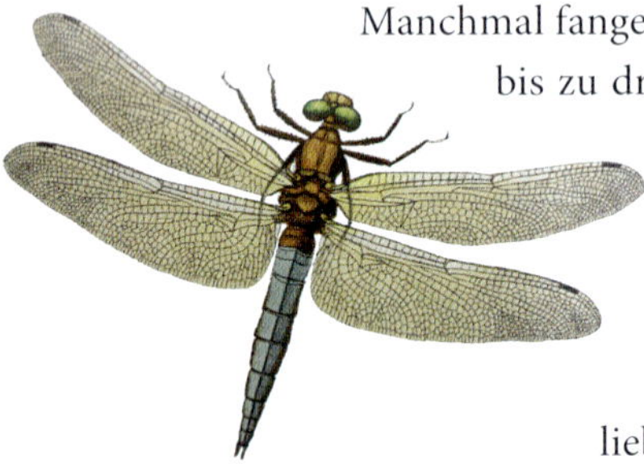

Großer Blaupfeil (Männchen)

GROSSER BLAUPFEIL (Orthetrum cancellatum) [KENNZEICHEN] Flügelspannweite 7,5–9 Zentimeter. Die Männchen haben einen mattblauen Hinterleib mit schwarzem Ende. Die Weibchen besitzen einen gelben Hinterleib mit zwei parallel verlaufenden schwarzen Längsstreifen. [LEBENSRAUM] Wenig bewachsene Teiche und Seen. [NAHRUNG] Fliegen, Mücken und andere Fluginsekten, manchmal auch eine kleinere Libelle. [SONSTIGES] Der Große Blaupfeil ist recht häufig. Er fliegt von Mai bis September. Das Männchen sonnt sich gern auf Wegen in Gewässernähe. Kommt ein Weibchen, fliegt es los, ergreift seine Partnerin und bildet mit ihr, oft schon in der Luft, ein Paarungsrad.

dichtstehenden Halmen zu Hause. Auch unter der Wasseroberfläche bietet das Schilfröhricht für einige Tiere einen wichtigen Lebensraum. Hier weiden verschiedene Wasserschnecken Algen ab, und manche Amphibien sowie Fische laichen im Schutz der untergetauchten Stängel. Wir passieren zwei sogenannte Schieberhäuschen. Dort regelten früher Arbeiter den Zu- und Abfluss von Wasser. Auf einem dieser alten Pumphäuser sitzt ein Kormoran, der seine ausgebreiteten Flügel in der Sonne trocknen lässt. Plötzlich steigt ein baldrianähnlicher Duft in unsere Nase. Ob der von einem **BIBER** kommt? Dieser große Nager produziert nämlich in einer speziellen Drüse ein bräunliches, harzartiges Sekret, das so ähnlich wie Baldrian riecht. Mit dieser Substanz fettet der Biber sein Fell, um es wasserdicht zu machen. Außerdem markiert er damit sein Revier. Doch wo ist der Biber? Als wir von der Vogelbeobachtungsplattform auf das Wasser des Filterbeckens schauen, entdecken wir nur eine Nutria und zwei Haubentaucher. Auch Fraßspuren oder abgebrochene Zweige sind nirgends zu sehen. Der Biber galt in Deutschland viele Jahre als ausgestorben. Nur in Sachsen-Anhalt hielt sich eine kleine Restpopulation. Von dort hat sich der Nager wieder in Rich-

Europäischer Biber

EUROPÄISCHER BIBER (Castor fiber) [KENNZEICHEN] Körperlänge 80–102 Zentimeter, Schwanzlänge 30–35 Zentimeter, größtes einheimisches Nagetier; dunkelbraunes, dichtes Fell, große orangerote Nagezähne. Der unbehaarte, keulenförmige Schwanz ist mit Schuppen bedeckt. [LEBENSRAUM] Naturnahe Flussabschnitte, größere Weiher und Seen. Im Siedlungsbereich auch in Gräben. [NAHRUNG] Pflanzenfresser. Im Sommer: Gräser, Kräuter und Wasserpflanzen. Im Winter: Rinde und Zweige von Weichhölzern wie Weide und Pappel. [SONSTIGES] Wer in Hamburg einen Biber entdeckt, kann das der Loki Schmidt Stiftung melden (www.loki-schmidt-stiftung.de). Sie hat das »Projekt Biber« ins Leben gerufen.

tung Westen ausgebreitet. 2010 wurde in Hamburg die erste Biberburg entdeckt. In diesem aus Zweigen, Ästen und Schilfhalmen bestehenden Bau lebt der Biber mit seinen Jungen. 2015 stellten Biologen in der Hansestadt bereits sieben Biberreviere fest. Auch in den Wasserbecken auf Kaltehofe hält sich der große Nager auf, wie seine Duftspuren beweisen.

Landkärtchen

Wir kommen an mehreren Bienenstöcken vorbei, wo die fleißigen Blütenbestäuber ihre soeben gesammelten Pollen und frischen Nektar abliefern. Dann betreten wir einen Steg und schauen auf das Wasser des mit Röhricht und anderen Pflanzen umrandeten Filterbeckens. Dort schwimmen ein Blässhuhn, mehrere Stockenten und eine Brandgans. Im Uferbewuchs fallen uns einige blaugraue, gelb und schwarz gefleckte Raupen auf. Sie fressen die Blätter der an feuchte Standorte angepassten Braunwurz. Aus den Raupen entwickelt sich später der Braunwurzmönch, ein Nachtfalter. Beim Weitergehen sehen wir einen Schmetterling, der in Richtung des kleinen Gehölzes rechts vor uns fliegt. Dort landet er auf den Blüten eines Weißdorns, um Nektar zu saugen. Es ist ein **LANDKÄRTCHEN**. Das Zeichnungsmuster auf der Flügelunterseite dieses Tagfalters ähnelt einer Landkarte,

LANDKÄRTCHEN (Araschnia levana) [KENNZEICHEN] Flügelspannweite 2,8–4 Zentimeter. Die Frühlingsgeneration ist gelbrot und hat schwarze Flecken, die Sommergeneration ist fast schwarz und besitzt Reihen weißer Flecken. Die Raupe ist schwarz und hat verzweigte Dornen auf Rücken und Kopf. [LEBENSRAUM] Feuchte Wälder und Waldränder, aber auch Parks und Gärten. [NAHRUNG] Falter: Nektar verschiedener Blüten. Raupe: Brennnessel. [SONSTIGES] Das Landkärtchen ist die einzige Schmetterlingsart, die ihre grünlichen Eier immer eins über dem anderen in Form kleiner Türmchen auf die Unterseite von Brennnesselblättern klebt.

daher kommt sein Name. Das Landkärtchen tritt in zwei unterschiedlichen Formen auf. Die Frühlingsgeneration ist heller und fliegt von April bis Juni. Die dunklere Sommergeneration ist von Juli bis August unterwegs. Da die beiden Generationen des Landkärtchens so unterschiedlich gefärbt und gezeichnet sind, hielt man sie früher für zwei verschiedene Schmetterlingsarten. Was ist der Grund für diesen sogenannten Saisondimorphismus? Er ist in der unterschiedlichen Tageslänge zu finden, während der sich die Raupen entwickeln. Die Raupen, aus denen die Frühlingsgeneration entsteht, müssen mit weniger Licht auskommen als die Raupen, die zur Sommergeneration werden. Unser Landkärtchen auf den Weißdornblüten hat gelbrote, schwarzgefleckte Flügel, ist also ein Vertreter der Frühlingsgeneration. Wie sollte es auch anders sein an diesem schönen Maitag?
Auf einer kleinen Wiese mit Hopfenklee, Gänsedistel und vielen anderen blühenden Wildkräutern summt und brummt es. Hier können wir Bienen, Hummeln, Schmetterlingen und anderen Insekten beim Blütenbesuch zuschauen. Gleich neben der Wildkräuterwiese steht ein Insektenhotel. Die Stiftung Wasserkunst Elbinsel Kaltehofe hat es aufgestellt, um Insekten wie Florfliegen, Marienkäfern und Wildbienen einen Ort zu schaffen, an dem sie im Sommerhalbjahr ihre Eier ablegen und in der kalten Jahreszeit überwintern können. Welche Insekten hier »einziehen«, lässt sich mit der Auswahl

Rostrote Mauerbiene

ROSTROTE MAUERBIENE (Osmia bicornis) [KENNZEICHEN] Länge etwa 0,1 Zentimeter; vorn weißlich und hinten rostrot behaart. Das Weibchen trägt am Kopf zwei winzige Hörnchen. [LEBENSRAUM] Waldränder, Waldlichtungen, aber auch regelmäßig im Siedlungsbereich. [NAHRUNG] Nektar und Pollen verschiedener Blüten. Die Larven werden mit Pollen gefüttert. [SONSTIGES] Die Rostrote Mauerbiene nistet in Hohlräumen unterschiedlicher Art. Etwa in Mauerritzen, in Fraßgängen von Insekten und sogar im Inneren von Türschlössern.

der Nistmaterialien gut steuern. So ist beispielsweise die Schneckenhaus-Mauerbiene ganz auf leere Schneckenhäuser angewiesen, während die weniger anspruchsvolle **ROSTROTE MAUERBIENE** in Bambusröhrchen, Schilfhalmen und vielen anderen Hohlräumen nistet. Diese Wildbiene ist noch relativ häufig, und tatsächlich haben wir das Glück, eine zu sehen. Sie kommt gerade aus einem Bambusröhrchen heraus. Da die Rostrote Mauerbiene sehr friedfertig ist und kaum sticht, wagen wir uns etwas näher heran. Deutlich sind ihre rostroten Härchen am Hinterleib zu erkennen. Wie alle Wildbienenarten lebt auch die Rostrote Mauerbiene als Einzelgänger und nicht in einem Bienenstaat wie die Honigbiene. Jetzt sind wir aber doch zu dicht an das kleine Bienchen herangekommen, denn es fliegt in Richtung Wildkräuterwiese davon.

HINWEISE

➔ Die Stiftung Wasserkunst Elbinsel Kaltehofe, www.wasserkunst-hamburg.de, Telefon (040) 788 849 990, hat auch verschiedene naturkundliche Veranstaltungen im Programm. Darunter eine Fledermausführung, eine Führung über den Naturerlebnispfad und eine Suche nach Tierspuren. ➔ Jährlich veranstaltet der NABU Hamburg auf dem Gelände der Stiftung Wasserkunst Elbinsel Kaltehofe die zweitägige Messe »Hansebird«. Hier gibt es nicht nur Informationen über Vögel, sondern auch über Insekten, Fledermäuse und andere Tiere. ➔ Der NABU, www.hamburg.nabu.de, Telefon (040) 697 08 90, und die Loki Schmidt Stiftung, www.loki-schmidt-stiftung.de, Telefon (040) 739 312 66, bieten vogelkundliche Wanderungen an.

EIGENE BEOBACHTUNGEN

WILDTIERE IN NOT – WAS TUN?

Ein Steinmarder zieht seine Jungen auf dem Dachboden groß, eine Amsel brütet im Blumenkasten auf dem Balkon, ein Grasfrosch quakt im Gartenteich. Viele Wildtierarten haben im grünen Hamburg Ersatzlebensräume gefunden. Ihr Leben ist allerdings nicht ungefährlich. Gefahren lauern überall. Steinmarder und Igel kommen unter die Räder, Vögel und Fledermäuse fliegen gegen Fensterscheiben, Frösche und Eidechsen werden Opfer freilaufender Hunde und Katzen. Doch nicht immer brauchen hilflos wirkende Wildtiere unsere Hilfe. Oft kommen sie allein zurecht. Ein junger, verlassen wirkender Feldhase auf der Wiese gibt zumeist nur einen falschen Anschein. Tatsächlich wartet er auf seine Mutter, die ihn zweimal am Tage säugt. Auch bei einer Annäherung bleibt er sitzen, denn ihm fehlt noch der Fluchtreflex. Das kleine, noch nicht ganz selbständige Eichhörnchen hat den schützenden Kobel verlassen und macht seine ersten Klettervorsuche. Das auf dem Boden sitzende Amselküken wird regelmäßig von seinen Eltern gefüttert. Obwohl es noch nicht richtig flügge ist, hat es schon sein Nest verlassen, um sich im Fliegen zu üben.

Wer ein wirklich hilfsbedürftiges Wildtier findet, sollte es vor Ort versorgen und dann erfahrene Personen zurate ziehen. Das kann ein Tierarzt sein oder Institutionen, die sich auf verletzte und kranke Wildtiere spezialisiert haben. Ein paar Tipps für die Erstversorgung: Wenn eine Kohlmeise oder ein anderer Singvogel gegen eine Glasscheibe geflogen ist, müssen sie sich nicht unbedingt verletzt haben. Man sollte erst einmal abwarten. Vielleicht fliegt das benommene Tier bald wieder los. Hat sich der Singvogel allerdings verletzt, sollte man ihn behutsam mit einem Tuch aufnehmen und in einen nicht zu kleinen Karton mit Luftlöchern setzen. Dort kann er sich erst einmal ein wenig erholen. Damit der verletzte Vogel genügend Halt findet, sollte der Karton mit einem Handtuch oder Ähnlichem ausgelegt sein. Wurde ein Höckerschwan von einem Hund gebissen oder hat er sich mit einem Angelhaken verletzt, sollte man den »Schwanenvater« benachrichtigen und so lange beim geschädigten Tier bleiben, bis Hilfe kommt. Wer eine angefahrene Rabenkrähe findet, sollte sie am besten mit einem festen Handschuh anfassen, da sie heftig zubeißen kann.

Hockt ein Wildkaninchen apathisch und mit eitrig geschwollenen Augen am Boden, leidet es an Myxomatose, einer meist tödlich verlaufenden Virusinfektion. Man sollte das erkrankte Tier nicht berühren, denn es kann unter anderem die Tollwut übertragen. Ein im Herbst umherirrender junger Igel mit Untergewicht ist oft krank. Da er für den Winterschlaf zu wenig angefressen hat, stehen seine Überlebenschancen nicht gut. Hilfe bietet da zum Beispiel das Komitee für Igelschutz e. V. Als Erstversorgung kann man dem Jungigel etwas Katzenfutter und Wasser anbieten. Gegen Unterkühlung hilft eine leichte Decke oder ein Handtuch.

Besonders in den Herbst- und Wintermonaten kommt es manchmal vor, dass sich eine Fledermaus auf ihrer Suche nach einem geeigneten Winterquartier in ein Wohnzimmer verirrt. Man sollte das verängstigte Tier mit dicken Handschuhen oder einem Tuch ergreifen, es dann in eine verschließbare Pappschachtel mit kleinen Luftöffnungen setzen, ihm noch ein wenig Wasser geben und sich schließlich an die Spezialisten der Aktionsgemeinschaft Fledermausschutz beim NABU Hamburg wenden.

Wer ein hilfebedürftiges Wildtier zu einem niedergelassenen Tierarzt bringt, muss die Kosten für die Behandlung selbst tragen. Er hat es sich nämlich im rechtlichen Sinne angeeignet und ist deshalb für seinen Findling verantwortlich. Manche Praxen verzichten allerdings auf die Erstattung der Kosten. Der Hamburger Tierschutzverein, bei dem auch Tierärzte tätig sind, behandelt die Wildtiere kostenlos. Es ist zwar auch möglich, unter Naturschutz stehende Arten selbst zu pflegen, sie müssen später aber wieder in die Natur entlassen werden. Bei streng geschützten Arten wie Fledermäusen, Greifvögeln und Eulen muss dagegen immer die Hilfe von

Experten gesucht werden. Wer beispielsweise einen verletzten Turmfalken findet, sollte ihn vorsichtig mit einem dicken Handschuh ergreifen, um sich vor seinen scharfen Krallen zu schützen. Solange noch keine Hilfe vor Ort ist, sollte man den hilfsbedürftigen Falken in einen mit Luftlöchern versehenen Karton setzen und an einen ruhigen und nicht zu kalten Ort stellen.

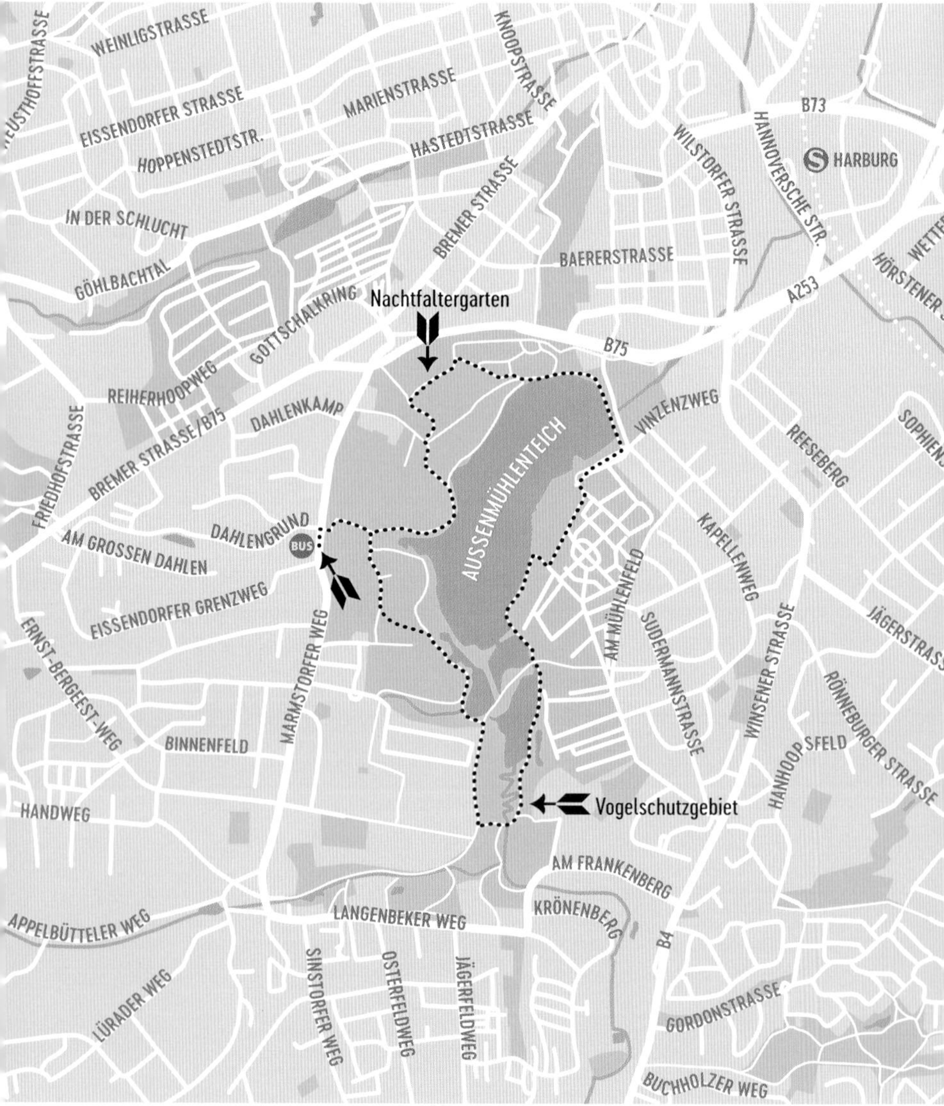

Nachtfaltergarten
Vogelschutzgebiet
AUSSENMÜHLENTEICH
HARBURG
BUS
NEUSTHOFFSTRASSE
WEINLIGSTRASSE
EISSENDORFER STRASSE
HOPPENSTEDTSTR.
MARIENSTRASSE
KNOOPSTRASSE
HASTEDTSTRASSE
WILSTORFER STRASSE
HANNOVERSCHE STR.
B73
IN DER SCHLUCHT
BREMER STRASSE
BAERERSTRASSE
GÖHLBACHTAL
GOTTSCHALKRING
A253
HÖRSTENER
B75
REIHERHOOPWEG
DAHLENKAMP
VINZENZWEG
FRIEDHOFSTRASSE
BREMER STRASSE/B75
REESEBERG
DAHLENGRUND
AM GROSSEN DAHLEN
KAPELLENWEG
EISSENDORFER GRENZWEG
AM MÜHLENFELD
SUDERMANNSTRASSE
JÄGERSTRASS
ERNST-BERGEEST-WEG
MARMSTORFER WEG
WINSENER STRASSE
RÖNNEBURGER STRASSE
BINNENFELD
HANHOOPSFELD
HANDWEG
AM FRANKENBERG
APPELBÜTTELER WEG
LANGENBEKER WEG
KRÖNENBERG
B4
LÜRADER WEG
SINSTORFER WEG
OSTERFELDWEG
JÄGERFELDWEG
GORDONSTRASSE
BUCHHOLZER WEG

HARBURGER STADTPARK

Das im Jahre 1926 eröffnete Gelände des heute etwa neunzig Hektar großen Harburger Stadtparks besticht durch seine landschaftliche Vielfalt. Es liegt auf einem Ausläufer der Harburger Berge und ist durch Hügel, Täler und eine abwechslungsreiche Wasserlandschaft geprägt. Zentrum des Harburger Stadtparks ist der wunderschöne Außenmühlenteich, der sich auf einem drei Kilometer langen Weg umrunden lässt. Der Ursprung dieses langgezogenen Teichs geht auf den Harburger Herzog Otto II. zurück. Er ließ im Jahre 1565 das kleine Flüsschen Engelbek aufstauen und eine Wassermühle bauen. Da diese Wassermühle außerhalb des Stadtgebiets stand, erhielt das dazugehörige Gewässer den Namen »Außenmühlenteich«. Zu verdanken haben die Hamburger diese grüne Perle im Süden der Hansestadt dem preußischen Gartenbaudirektor Georg Hölscher und seinem Sohn Ferdinand. Sie legten den abwechslungsreichen Park in den 1920er Jahren am Westufer des Außenmühlenteichs an. Danach wurde er in mehreren Phasen immer weiter ausgebaut und ist heute nicht nur ein viel besuchtes Naherholungsgebiet, sondern auch ein bedeutendes Gartendenkmal und nicht zuletzt ein wichtiger Lebensraum für viele Pflanzen und Tiere.

Der Harburger Stadtpark liegt im Süden Hamburgs im Stadtteil Wilstorf. S-Bahn (S3, S31) bis Harburg, von dort mit den Buslinien 145 oder 245 bis zur Haltestelle Rabenstein; Parkplätze am Außenmühlendamm.

BLINDSCHLEICHE UND GROSSER ABENDSEGLER

Bewaldete Hügel, Erlenbrüche, naturnahe Feuchtwiesen, der Außenmühlenteich mit seinen kleineren Nebengewässern: Die unterschiedlichen Lebensräume des Harburger Stadtparks laden zu interessanten Naturbeobachtungen ein. Dazu steht ein gut ausgebautes Wegenetz mit einer Gesamtlänge von 16 Kilometern zur Verfügung. Die Pflanzenwelt ist mit einhundert Gehölzarten und 170 Wildpflanzenarten vertreten. Hier wachsen nicht nur einheimische Bäume wie Eichen, Kiefern und Erlen, sondern auch Exoten wie die Himalaya-Birke oder der Trompetenbaum. Auf der Orchideenwiese blüht das seltene Breitblättrige Knabenkraut, und wer am Ufer der Außenmühle spaziert, kann sich über die vielen Teich- und Seerosen freuen. Vielleicht entdeckt er dort ja auch einen Eisvogel oder hört den Gesang des Teichrohrsängers. Die Natur des Harburger Stadtparks hat noch etwas ganz Besonderes zu bieten, und das sind die Fledermäuse. Fünf verschiedene Arten gehen hier nachts auf Insektenjagd: Großer Abendsegler, Breitflügel-, Rauhaut-, Wasser- und Zwergfledermaus. Sie fressen vor allem Nachtschmetterlinge, die aber leider schon selten geworden sind. Deshalb hat der NABU Hamburg in ehrenamtlicher Arbeit einen Nachtfaltergarten angelegt. Dort verströmen Mondviolen, Nachtkerzen und andere Futterpflanzen einen ganz besonderen Duft, mit dem sie Nachtfalter wie die Gammaeule oder den Mondvogel anlocken.

Blindschleiche

Gleich bei der Bushaltstelle Rabenstein geht es in den Harburger

Stadtpark. Am Eingang blühen Rhododendren, und auf der vor uns liegenden Orchideenwiese sehen wir die purpurroten Farbtupfer des Breitblättrigen Knabenkrauts. Es ist angenehm warm an diesem späten Frühlingsnachmittag, und wir freuen uns auf spannende Tierbeobachtungen. Da entdecken wir auch schon einen Gartenbaumläufer. Dieser mit seinem rindenfarbigen Gefieder gut getarnte Vogel hüpft in einer Schraubenlinie den Stamm einer Eiche nach oben und sucht dabei nach Insekten und Spinnen. Jetzt gehen wir leicht bergan, kommen am versteckt zwischen Bäumen liegenden Freilichttheater vorbei und erreichen schließlich einen ehemaligen Hockeyplatz. Als wir dort die Büste des Gartenbaudirektors Georg Hölscher betrachten, lenkt uns ein ockergelber Schmetterling ab. Er fliegt im hektischen Zickzackflug dicht über dem Waldboden hinter der Büste. Es ist ein Nagelfleck auf der Suche nach einem paarungsbereiten Weibchen. Seinen Namen hat dieser Falter von den weißen, nagelförmigen Zeichnungen auf den Flügeln. Als wir wieder bergab in Richtung des Außenmühlenteichs gehen wollen, erleben wir eine kleine Überraschung: Auf dem Weg vor uns schlängelt sich eine **BLINDSCHLEICHE**. Dieses glattschuppige und beinlose Reptil bewegt sich ganz langsam und sieht einer Schlange sehr ähnlich. Doch die Blindschleiche gehört zu den Echsen. Sie ist sozusagen eine Eidechse ohne Beine. Diese haben sich im Laufe der Evolution nach und nach zurückgebildet. Noch heute sind kleine Reste von Schulter- und Beckenknochen an der Wirbelsäule der Blindschleiche

BLINDSCHLEICHE (Anguis fragilis) [KENNZEICHEN] Länge 40–50 Zentimeter; grau, braun oder in Kupfertönen gefärbte, schlangenähnliche Echse mit glatten Schuppen. Das Weibchen hat oft dunkle Flanken und lange, dünne Rückenstreifen, das Männchen manchmal blaue Flecken auf den Flanken. [LEBENSRAUM] Viele Biotope: Wälder, Wiesen, Parks und Gärten. [NAHRUNG] Regenwürmer, Nacktschnecken, Insekten, Spinnen. [SONSTIGES] Im Gegensatz zu einer Schlange besitzt die Blindschleiche Augenlider und kann ihren Schwanz bei Gefahr abwerfen. In der Stadt fällt sie nicht selten streunenden Hauskatzen und Hunden zum Opfer.

zu erkennen. Genau wie eine Eidechse wirft auch die Blindschleiche ihren Schwanz bei Gefahr ab. Der zuckt dann noch einige Zeit sehr heftig und verwirrt den Angreifer so, dass die Echse davonschleichen kann. Natürlich ist die Blindschleiche nicht blind. Das sehen wir ja an ihren kleinen Augen am Kopf. Doch woher kommt der irreführende Name? Er leitet sich vom althochdeutschen »Plintslicho« ab, was so viel wie »blendender Schleicher« bedeutet. Das bezieht sich auf das glänzende Äußere und auf die Fortbewegungsweise dieses Reptils. Jetzt kommt uns ein Hund entgegen. Zum Glück ist er angeleint und kann der Blindschleiche nichts tun. Die verzieht sich aber lieber ins Unterholz am Wegesrand.
Hier unten an den mit Bäumen und Sträuchern umstandenen kleinen Nebengewässern des Außenmühlenteichs sieht es noch recht urwüchsig und verwunschen aus: Farne, Brombeergestrüpp, bemooste Baumstubben, abgebrochene Äste. Im Wasser schwimmen Stockenten, und wir sehen einige Kaulquappen. Vielleicht stammen sie ja von der Erdkröte, die gerade am Ufer hüpft, oder vom Grasfrosch, der auf einem Schwimmblatt der gelben Teichrose sitzt und quakt. Nach einigen Schritten gelangen wir in einen weiteren naturnahen Bereich des Harburger Stadtparks mit Feuchtwiesen, Weidengebüsch und Erlenbruch. Ein Kleinspecht macht sich mit seinem hellen »Kik« bemerkbar. Wir entdecken ihn auf dem äußeren Ast einer Erle, wo er nach Insekten sucht. Und wir sehen noch etwas Interessantes: Auf einem Erlenblatt krabbelt ein kleines Insekt, eine **FLECKIGE BRUTWANZE**.

FLECKIGE BRUTWANZE (Elasmucha grisea) [KENNZEICHEN] Länge 0,6–0,9 Zentimeter; viele schwarze Punktgruben auf der graugelben, grünlichen oder rotbraunen Oberseite. Der Seitenrand des Hinterleibs ist abwechselnd hell und dunkel gefärbt. [LEBENSRAUM] Überall, wo Birken und Erlen vorkommen. [NAHRUNG] Säfte von Birken- und Erlenblättern. [SONSTIGES] Im Juni legt das befruchtete Weibchen 40 bis 50 Eier auf die Unterseite eines Birken- oder Erlenblatts. Im Juli schlüpfen die Larven. Im Herbst sucht die Fleckige Brutwanze manchmal Unterschlupf in Gebäuden, um dort zu überwintern.

Man mag es kaum glauben, aber wie ihr Name schon sagt, kümmert sich die Fleckige Brutwanze ganz fürsorglich um ihre Brut. Nachdem sie ihre Eier auf die Unterseite eines Erlen- oder Birkenblatts abgelegt hat, bleibt die Wanze noch zwei bis drei Wochen auf dem Gelege sitzen, um es zu bewachen. Während dieser Zeit nimmt sie keine Nahrung zu sich. Nähert sich eine Ameise, eine Spinne oder ein anderer Fressfeind, nutzt die Fleckige Brutwanze ihren Rücken als Schutzschild, indem sie ihn in die Richtung kippt, aus der die Gefahr kommt. Sollte das nicht reichen, schwirrt sie mit den Flügeln oder vertreibt die Angreifer mit einem Wehrsekret. Sind die Larven geschlüpft, bleibt die Mutter noch einige Zeit bei ihnen, um sie weiter zu beschützen. Hat sich der Nachwuchs zum ersten Mal gehäutet, geht die Fleckige Brutwanze mit ihm gemeinsam auf Nahrungssuche: Die Mutter voran und die kleinen Larven im Gänsemarsch hinterher.

Wir sind jetzt in den Langenbekschen Wiesen, die vom kleinen Flüsschen Engelbek durchflossen werden. Früher war die Engelbek begradigt und bot nur wenig Lebensraum für Pflanzen und Tiere. Mittlerweile ist sie weitgehend in ihren ursprünglichen Zustand zurückversetzt worden. An ihrem natürlichen Verlauf sind heute wieder Pflanzen wie der Echte Baldrian und Tiere wie der Eisvogel zu Hause. Die Langenbekschen Wiesen sind auch ein Vogelschutzgebiet. Wir sehen eine Sumpfmeise und hören die Gesänge von Buchfink, Zaunkönig und Rotkehlchen. Ein Taubenschwänzchen fällt uns auf. Im Schwirrflug steht dieser kleine Schmetterling wie ein Kolibri vor einer der purpurroten Blüten eines Blutweiderichs und saugt Nektar. Und dann geht's schon weiter zu nächsten Blüte. Seine Flügel bewegen sich so schnell auf und ab, dass wir sie kaum erkennen können. Das Taubenschwänzchen kommt sogar auf den Balkon, wo es im Blumenkasten Geranien und andere Blüten besucht. Beim Weitergehen sehen wir eine **HORNISSE**. Diese auffällig große Wespe fliegt in Richtung der Klein-

Fleckige Brutwanze

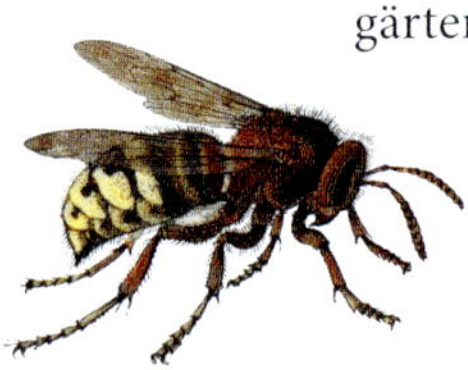

Hornisse

gärten östlich des Außenmühlenteichs. Es ist eine Königin, die im vorigen Jahr von einer Drohne begattet wurde und anschließend überwintert hat. Nun sucht sie sich eine Stelle zum Bau ihres Nests. Gern zieht sie in Baumhöhlen. Findet sie keine, baut sie ihr Nest auch in Vogelhäuschen oder Geräteschuppen. Die ersten sechseckigen Wabenzellen stellt die Königin allein her. Sie nimmt dazu Holzfasern, die sie mit Speichel vermengt. In jede Zelle legt sie ein Ei. Später übernehmen Arbeiterinnen die Bautätigkeit, und die Königin konzentriert sich nur noch aufs Eierlegen. Der Nestbau endet im Hochsommer. Dann besteht der Hornissenstaat aus 600 bis 800 Tieren. Die Hornisse ist sehr nützlich und leistet Unterstützung bei der Schädlingsbekämpfung. Ein großes Volk verfüttert jeden Tag rund ein Pfund Mücken, Fliegen und andere unliebsame Insekten an seine Brut. Da kann eine Kohlmeisenfamilie nicht mithalten.

In den Langenbekschen Wiesen wurden sogar schon einmal Füchse, Hasen und Rehe beobachtet. Heute haben wir aber nicht das Glück, sie zu sehen. Dafür entdecken wir einen Igel, der gerade dabei ist, schmatzend eine Schnecke zu vertilgen. Wir gehen wieder ein Stückchen und erreichen den südlichen Teil des Außenmühlenteichs. Auf der gegenüberliegenden Seite steht ein Graureiher und wartet auf einen Fisch. Vor ihm blühen herrliche Seerosen. Einige Libellen jagen nach Mücken und anderen kleinen

HORNISSE (Vespa crabro) [KENNZEICHEN] Länge Königin: 2,3–3,5 Zentimeter; Drohne: 2,1–2,8 Zentimeter; Arbeiterin: 1,8–2,5 Zentimeter. Die Brust ist schwarz und rot gefärbt, der Hinterleib schwarz, rot und gelb. [LEBENSRAUM] Lichte Laubmischwälder, Parks und Gärten. [NAHRUNG] Andere Insekten bis Bienengröße, aber auch Fallobst und süße Baumsäfte. [SONSTIGES] Die Hornisse ist die größte hiesige Wespe. Sie ist relativ friedfertig und steht unter Artenschutz. Von ihrem Nest sollte man sich allerdings fernhalten. Der Stich ist aber nicht gefährlicher als der einer Biene oder Gemeinen Wespe.

Fluginsekten. Da! Ein Eisvogel flitzt über das Wasser. Sein blaues Gefieder leuchtet in der Abendsonne. Wo er wohl seine Brutröhre hat? Jetzt hören wir einen Teichrohrsänger. Er hat sich im Schilfröhricht versteckt. Dort baut er auch sein Nest, das an mehreren Halmen aufgehängt ist. Plötzlich rauscht es über uns ganz merkwürdig. Wir schauen nach oben und sehen zwei **HÖCKERSCHWÄNE**. Mit ihren großen Flügeln erzeugen sie dieses metallisch singende Fluggeräusch. Im nächsten Moment landen die imposanten Vögel klatschend auf dem Wasser.

Dort schwimmen sie eine ganze Zeit umher. Immer wieder tauchen die Höckerschwäne ihre langen Hälse unter Wasser, um Wasserpflanzen zu fressen. Mit einem Fernglas können wir erkennen, dass es sich bei diesen beiden um ein Paar handelt. Das Männchen hat einen größeren Stirnhöcker als das Weibchen. Höckerschwäne bleiben sich ein Leben lang treu. Beide Partner kümmern sich vier bis fünf Monate lang um den Nachwuchs. Der hat zuerst ein graubraunes Gefie-

Höckerschwan

HÖCKERSCHWAN (Cygnus olor) [KENNZEICHEN] Länge 140–160 Zentimeter; großer, leuchtend weißer Vogel mit langem Hals. Orangeroter Schnabel mit schwarzem Stirnhöcker, der beim Männchen größer ist als beim Weibchen. Junge Höckerschwäne haben ein graubraunes Gefieder. [LEBENSRAUM] Gewässer aller Art. Im Winter auch in größeren Trupps auf Wiesen und Feldern. [NAHRUNG] Wasserpflanzen, aber auch Uferpflanzen und Gras. [SONSTIGES] Hamburgs Bestand an Höckerschwänen ist in den letzten Jahren leicht gestiegen. Als »Alsterschwäne« sind sie ein Wahrzeichen der Hansestadt und werden sogar von einem eigenen »Schwanenvater« betreut.

der. Erst später wird es so strahlend weiß wie das Federkleid seiner Eltern. Plötzlich laufen unsere großen und schweren Vögel mit schlagenden Flügeln laut platschend so lange auf der Wasseroberfläche, bis sie genügend Schwung haben, um sich in die Luft zu erheben. Wir blicken den langsam und kraftvoll fliegenden Höckerschwänen noch eine Weile hinterher und spazieren dann weiter.

Unser Blick fällt auf eine Bojenkette, die der NABU hier über den Außenmühlenteich gelegt hat. Sie soll die Wasservögel und die großen See- und Teichrosenbestände vor Tretbootfahrern schützen. Wir passieren das Freizeitbad MidSommerland und erreichen nun den nördlichen Teil der Außenmühle. Am Bootsanleger sitzen mehrere Lach- und Silbermöwen, und auf dem Wasser schwimmt ein Haubentaucher mit zwei Jungen. Da taucht noch ein weiterer auf. Er hat einen kleinen Fisch im Schnabel, den er jetzt an ein Küken verfüttert. Was für einen Fisch der Haubentaucher gefangen hat, wissen wir nicht. Im Außenmühlenteich leben Barsche, Rotaugen, Schleie und verschiedene andere Arten. Als wir am Westufer entlanggehen, freuen wir uns über Gelbe Schwertlilien

Gammaeule

GAMMAEULE (Autographa gamma) [KENNZEICHEN] Flügelspannweite 3,5–4,0 Zentimeter. Die gelbliche Zeichnung auf den graubraun marmorierten Vorderflügeln erinnert an ein griechisches Gamma. [LEBENSRAUM] Laubwald, Auwald, Wiesen, Felder, Gärten und Parks. [NAHRUNG] Der Falter saugt Nektar von Disteln, Petunien, Phlox und vielen anderen Pflanzen. Die gelbgrau bis blaugrün gefärbte Raupe ernährt sich von den unterschiedlichsten Pflanzen, etwa Löwenzahn, Klee und Salat. [SONSTIGES] Die Gammaeule ist häufig und fliegt am Tag und in der Nacht. Als Wanderfalter kommt sie jährlich aus Südeuropa, bildet hier zwei oder mehr Nachfolgegenerationen und verbringt den Winter größtenteils wieder im Süden.

und Mädesüß. Eine **GAMMAEULE** sitzt mit schwirrenden Flügeln auf einer Kleeblüte und saugt Nektar. Seinen Namen hat dieser kleine Schmetterling von den gelblichen Zeichnungen auf seinen Vorderflügeln. Sie ähneln dem griechischen Gamma. Die Gammaeule ist zwar ein Nachtschmetterling, fliegt aber auch am Tage. Wie alle Nachtfalter wird sie von Straßenlaternen und anderen künstlichen Lichtquellen angelockt. Eine besonders große Anziehungskraft üben die riesigen Flutlichtanlagen in Sportstadien auf die Gammaeule aus, wie sich im Jahre 2016 beim Endspiel der Fußball-Europameisterschaft in Paris zeigte. In riesiger Zahl flogen diese Nachtfalter über dem Rasen des Stadions und umschwirrten Spieler und Schiedsrichter. Als Portugals Fußballstar Cristiano Ronaldo nach einem Zweikampf verletzt am Boden saß, nahm eine Gammaeule vor laufenden Kameras auf seiner verschwitzten Stirn Platz, um sich an seinen Schweißtopfen zu laben. Dieses Bild ging um die Welt!

Jetzt wollen wir noch einmal zum Nachtfaltergarten. Dazu geht es erst einmal ein Stückchen bergauf, vorbei an einem kleinen Weiher und am architektonisch gestalteten Schulgarten. Über uns hören wir plötzlich ein lautes »Sriih, sriih«. Das sind die Rufe von Mauerseglern, die in der warmen Abendluft nach Insekten jagen. Dabei erreichen sie Spitzengeschwindigkeiten von mehr als 200 Stundenkilometern. Als wir in den Nacht-

GROSSER ABENDSEGLER (Nyctalus noctula) [KENNZEICHEN] Länge bis zu 8,2 Zentimeter, Flügelspannweite bis zu 40 Zentimeter; rostbraune Ober- und Unterseite. Das weiche und glatte Fell hat einen seidigen Glanz. [LEBENSRAUM] Sommerquartiere in Spechthöhlen, Baumhöhlen und speziellen Fledermauskästen. Winterquartiere auch in Gebäuden; jagt als typische Waldfledermaus gern über Baumkronen, Lichtungen, Waldrändern, aber auch über Gewässern. [NAHRUNG] Nachtfalter und andere nachtaktive Fluginsekten. [SONSTIGES] Der Große Abendsegler ist die größte Fledermausart in Hamburg. Nicht selten lässt er sich in größeren Parks und auf Friedhöfen beobachten. Im Jahr 2002 fand man 250 überwinternde Große Abendsegler in einem gefällten Baum.

faltergarten gelangen, entdecken wir einen Schmetterling, der in einem Fliederbusch rasch von Blüte zu Blüte fliegt und Nektar saugt. Es ist ein Hummelschwärmer. Er täuscht eine Hummel vor und wird dadurch von Vögeln und anderen Fressfeinden gemieden. Genau wie die Gammaeule ist auch der Hummelschwärmer ein tagaktiver Nachtschmetterling. Auf unserem Rückweg zur Busstation machen wir noch eine schöne Beobachtung. Ein **GROSSER ABENDSEGLER** fliegt über dem Außenmühlenteich, um in der Dämmerung Nachtfalter zu jagen. Mal geht es schnell geradeaus, dann wieder im rasanten Sturzflug nach unten. Wir hören sogar die metallisch klingenden Laute dieser großen Fledermaus. Werden sie von einem potenziellen Beutetier zurückgeworfen, hat dieses kaum eine Chance zu entkommen. Es gibt allerdings einige Nachtfalterarten, die die Laute des Großen Abendseglers wahrnehmen können. Sie lassen sich dann einfach fallen oder weichen dem hungrigen Insektenjäger auf andere Weise aus.

Großer Abendsegler

HINWEISE

Der NABU, www.hamburg.nabu.de, Telefon (040) 697 08 90, bietet Wanderungen zum Kennenlernen von Vögeln und Fledermäusen an der Außenmühle an. Die Gruppe Süd des NABU Hamburg hat einen Nachtfalter-Garten angelegt und sucht im Rahmen von StadtNatur-Aktionstagen freiwillige Helfer, die bei der Gartengestaltung mitwirken wollen, Telefon (040) 697 089 37.

EIGENE BEOBACHTUNGEN

TIERE DER NACHT – FLEDERMÄUSE

Bei einem sommerlichen Abendspaziergang um die Außenalster kann man mit etwas Glück den Großen Abendsegler beobachten. Er ist Hamburgs größte Fledermausart. Die kleinste ist die Zwergfledermaus. Im Unterschied zu den meisten anderen Fledermäusen geht der Große Abendsegler bereits in der Dämmerung auf Insektenfang. Nachtfalter stehen ganz oben auf seinem Speisezettel. Der Große Abendsegler lässt sich leicht mit einem Mauersegler verwechseln. Doch während dieser Vogel am Tage Jagd auf Fluginsekten macht, flattert die große Fledermaus erst bei Dämmerung und in der Nacht durch die Luft. In Hamburg leben vierzehn Fledermausarten. Fast alle sind gefährdet. Noch relativ häufig zu beobachten ist die Zwergfledermaus. Der Große Abendsegler zeigt sich da schon seltener. Mopsfledermaus sowie Großes Mausohr sind bereits ausgestorben. Vielen Fledermausarten geht es deshalb so schlecht, weil sie nicht mehr genügend Quartiere zur Jungenaufzucht und zum Überwintern finden. Auch leiden sie unter einem zunehmenden Mangel an Nachtfaltern und anderen Fluginsekten.

Es wird langsam dunkel. Am Ufer des Bramfelder Sees hat sich eine Gruppe des NABU Hamburg zu einer Fledermausführung eingefunden. Der Leiter leuchtet mit seiner Taschenlampe auf die Wasseroberfläche. Da! Lautlos huscht eine Wasserfledermaus nur wenige Zentimeter über dem Wasser. Immer wieder erscheint sie kurz im Lichtkegel. Die Gruppe hat das Glück, ihr bei der Insektenjagd zusehen zu können. Die Wasserfledermaus findet ihre Beute in der Dunkelheit mithilfe der Echoortung. Dabei stößt sie Töne im Ultraschallbereich aus, die für den Menschen nicht hörbar sind und von Nachtfaltern, Mücken und anderen Fluginsekten reflektiert werden, um anschließend wieder an ihre sehr empfindlichen Ohren zu gelangen. Die Wasserfledermaus erkennt nun anhand des zurückgeworfenen Echos die genaue Position und Größe ihrer Beute und braucht nur noch hinzufliegen und zuzuschnappen. Jetzt kommt auch ein Fledermaus-Detektor zum Einsatz. Mit diesem technischen Gerät macht der Gruppenleiter die hochfrequenten Ultraschallrufe für die faszinierten Teilnehmer hörbar.

Großer Abendsegler

Plötzlich aber klingen die Rufe im Fledermaus-Detektor ganz anders. Sie stammen von einer Rauhautfledermaus, die am Ufer entlangfliegt und Insekten fängt. Die Rauhautfledermaus ist nur wenig größer als die nahverwandte Zwergfledermaus. Im Sommerhalbjahr wohnt sie in Baumhöhlen, in Spalten hinter loser Borke, aber auch in Fledermauskästen und an Gebäuden. Dort zieht sie ihren Nachwuchs groß und verschläft die Tage. Im Herbst sucht sich die Rauhautfledermaus einen geschützten Platz, um dort ihren Winterschlaf zu halten. In Hamburg werden immer wieder Winterquartiere in Brennholz- und Bretterstapeln entdeckt. Fledermäuse sind die einzigen Säugetiere, die fliegen können. Und da stehen sie den Vögeln nicht nach, wie die Rauhautfledermaus eindrücklich beweist. Dieser Fernwanderer unter den Fledermäusen kann beim Wechsel vom Sommer- zum Winterquartier Strecken von sage und schreibe ein- bis zweitausend Kilometern zurücklegen. Die Hamburger Rauhautfledermäuse wandern, falls sie nicht hier bleiben, in südwestlicher Richtung, oft entlang von Küstenlinien oder Flussverläufen.

Zwar lässt sich die Rauhautfledermaus in Hamburg noch häufiger beobachten, aber ihr Bestand ist wie bei den anderen Arten rückläufig. Wenn alte Bäume mit Spechthöhlen Kettensägen zum Opfer fallen oder Spalten und Ritzen an Gebäuden durch Abdichtung verloren gehen, findet die Rauhautfledermaus immer weniger Quartiere. Und wenn Insekten durch Pestizide vernichtet werden oder Grünflächen und andere Jagdreviere durch zunehmende Bebauung verschwinden, verringert sich auch das Nahrungsangebot. Da die Rauhautfledermaus zwischen ihren verschiedenen Quartieren oft längere Strecken zurücklegt, kommt es nicht selten vor, dass sie von den Rotorblättern einer der vielen Windkraftanlagen erschlagen wird. Um der Rauhautfledermaus und auch den anderen in Hamburg lebenden Arten zu helfen, lassen sich Gärten fledermausfreundlich gestalten, indem man auf den Einsatz von Insektengiften verzichtet und Pflanzen anbietet, die Nachtfalter anlocken. Zu diesen Nachtfalterblumen gehören beispielsweise Nachtkerze, Nickendes Leimkraut, Weiße Lichtnelke und Nachtviole.

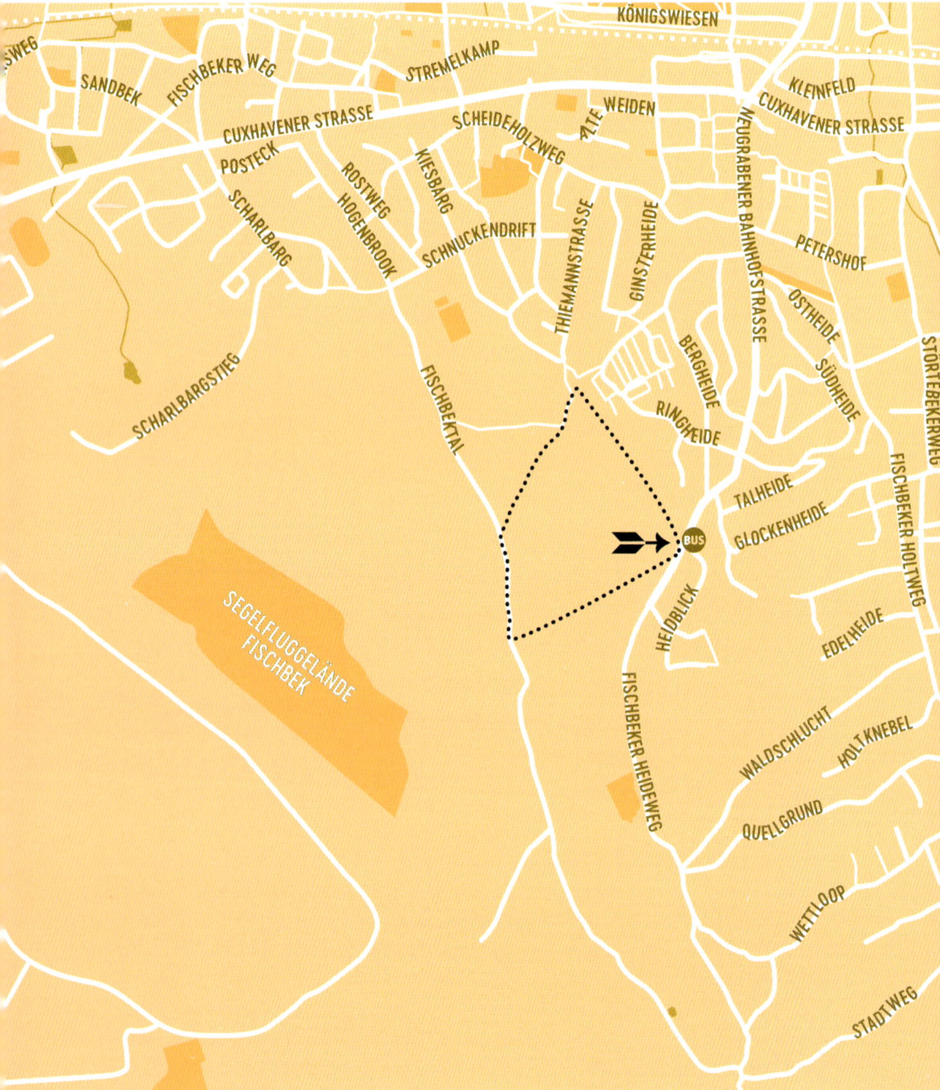
KÖNIGSWIESEN
SANDBEK
FISCHBEKER WEG
STREMELKAMP
KLEINFELD
CUXHAVENER STRASSE
POSTECK
SCHEIDEHOLZWEG
ALTE WEIDEN
CUXHAVENER STRASSE
NEUGRABENER BAHNHOFSTRASSE
ROSTWEG
KIESBARG
SCHARLBARG
HOGENBROOK
SCHNUCKENDRIFT
THIEMANNSTRASSE
GINSTERHEIDE
PETERSHOF
OSTHEIDE
BERGHEIDE
SÜDHEIDE
STÖRTEBEKERWEG
SCHARLBARGSTIEG
FISCHBEKTAL
RINGHEIDE
TALHEIDE
FISCHBEKER HOLTWEG
BUS
GLOCKENHEIDE
HEIDBLICK
EDELHEIDE
SEGELFLUGGELÄNDE FISCHBEK
FISCHBEKER HEIDEWEG
WALDSCHLUCHT
HOLTKNEBEL
QUELLGRUND
WETTLOOP
STADTWEG

FISCHBEKER HEIDE

Heidelerche, Heidelibelle, Besen- und Glockenheide: Das Naturschutzgebiet Fischbeker Heide bietet ihnen und vielen anderen Tier- und Pflanzenarten ein Zuhause. In der hügeligen, von Eiszeiten geprägten Landschaft mit ihren nährstoffarmen Böden wechseln Heide, Moor, Sandflächen, Trockenrasen, Wiesen und kleinere Wälder ab. Die weiten Heideflächen sind Menschenwerk. Die ursprüngliche Bewaldung ging besonders im Mittelalter verloren, als große Mengen Holz für die Salzgewinnung in Lüneburg benötigt wurden. Auf dem Heidesand breitete sich die Licht liebende Besenheide aus. Sie genügte als Weide für die Heidschnucken: Milch-, Fleisch- und Woll-Lieferanten als Bestandteil der Heidewirtschaft. Die Schnucken fraßen auch Baumkeimlinge ab, sodass kein neuer Wald aufkam. In neuerer Zeit ließen Aufforstung und Umwandlung in Ackerland die Heideflächen schwinden. Mittlerweile ist man dabei, verbuschte und verbaumte Bereiche zu entkusseln und von Heidschnucken beweiden zu lassen, um die Kulturlandschaft Heide wiederherzustellen und zu erhalten.

Die Fischbeker Heide liegt im Südwesten Hamburgs am Rande der Harburger Berge. S-Bahn (S3, S31) bis Neugraben, von dort mit der Buslinie 250 bis zum Fischbeker Heideweg. An der Bus-Wendeschleife befindet sich die Einfahrt zu einem Parkplatz. Weitere Parkmöglichkeiten in der näheren Umgebung.

KREUZSPINNE UND KREUZOTTER

Wenn im Spätsommer die Heide blüht und sich in ihrer ganzen Schönheit zeigt, summen dort die Bienen, und manch bunter Schmetterling tanzt über die violette Blütenpracht. Wer sich früh aufmacht, kann das wundervolle Glitzern der Spinnennetze im Morgenlicht erleben. Unübersehbare Charakterpflanze der Fischbeker Heide ist die anspruchslose Besenheide, die so heißt, weil man sie früher zu Besen gebunden hat. Die Zersetzung der abgestorbenen Pflanzen hat die Bodenbeschaffenheit beeinflusst, denn die dabei entstehenden Huminsäuren entmineralisieren den Oberboden, wo der typische Heidesand bleibt, und lassen in dreißig bis vierzig Zentimetern Tiefe eine Schicht von festem und wasserundurchlässigem Ortstein entstehen. Der Heidekrautbewuchs sichert Lebensraum für etwa 300 Kleintierarten, darunter Wegwespen, Sandbienen, eine Vielzahl verschiedener Laufkäfer und diverse Arten von Baldachinspinnen; Reptilien sind durch Bergeidechse, Zauneidechse, Blindschleiche und Kreuzotter vertreten. Die Fischbeker Heide mit ihren rund vierzig Brutvogelarten hat überdies eine ornithologische Seltenheit zu bieten: Hier brütet der Ziegenmelker, eine Nachtschwalbenart.

Es ist Anfang September, und wir freuen uns auf die blühende Heide. Auf dem Weg zur Endhaltestelle der Buslinie 250 geht es deutlich bergauf. Die Straßenschilder links und rechts der Strecke stimmen schon auf das Ausflugsziel ein: Bergheide, Ringheide, Kiefernheide, um nur drei zu nennen. Wenige Schritte von der Haltestelle entfernt steht eine Informationstafel mit einer Karte des Wanderwegenetzes und naturkundlichen Hinweisen. Wir wenden uns nach rechts und nehmen den steinigen, vielfach von Kiefernwurzeln durchzogenen Sandweg, der zunächst dem Rand des Naturschutzgebiets folgt. Eine ganz kleine Zauneidechse flitzt über den Weg und verschwindet im Heidekraut. Sie ist erst vor Kurzem aus ihrem Ei geschlüpft und wird sich später eine frostfreie Stelle zum

Gartenkreuzspinne

Überwintern suchen. Jetzt entdecken wir eine **GARTENKREUZSPINNE**, die kopfüber in der Mitte ihres großen Radnetzes sitzt. Und das ist ein wahres Kunstwerk. Um es zu fertigen, braucht unser »Baumeister« nur eine Stunde und produziert während dieser kurzen Zeit fast zwanzig Meter Spinnfaden. Der wichtigste Teil des Radnetzes ist die Fangspirale. Sie besteht aus einem klebrigen Fangfaden, an dem sogar größere Insekten wie Bienen und Schmetterlinge haften bleiben. Die Gartenkreuzspinne kann das erbeutete Insekt aber nicht so einfach auffressen, sondern muss es erst einmal »zubereiten«. Dazu verflüssigt sie das Innere ihres Opfers mit einem Verdauungssaft und saugt anschließend den Nahrungsbrei heraus. Als wir beim Weitergehen das Spinnennetz aus Versehen berühren, wird es von der Gartenkreuzspinne so stark in Schwingungen versetzt, dass ihre Umrisse verschwinden und wir sie kaum noch erkennen können. Mit dieser raffinierten Methode macht sich die Gartenkreuzspinne bei Bedrohung fast unsichtbar und irritiert so Vögel und andere hungrige Feinde.

Beim Weitergehen hören wir den Ruf eines Mäusebussards. Wir schauen nach oben, sehen aber keinen. Dann war es wohl ein Eichelhäher, der den Ruf dieses Greifvogels perfekt imitiert hat. Drei Kraniche auf ihrem Flug in

GARTENKREUZSPINNE (Araneus diadematus) [KENNZEICHEN] Länge des Weibchens bis zu 1,7 Zentimeter, Länge des Männchens bis zu 1,0 Zentimeter. Charakteristisch ist das helle Kreuz auf der Oberseite des Hinterleibs. Es besteht aus einzelnen Punkten und Streifen. [LEBENSRAUM] Halbschattiges und offenes Gelände wie Waldränder, Wiesen mit Sträuchern, Gärten, Parks und Friedhöfe. [NAHRUNG] Fluginsekten. [SONSTIGES] Die Gartenkreuzspinne ist sehr häufig. Damit sie auch im heimischen Garten genügend Insektennahrung findet, sollte auf Insektenvernichtungsmittel verzichtet werden.

den Süden sagen uns, dass der Herbst nicht mehr weit ist. Auf einem Blatt, das am Wegesrand liegt, sitzt eine dunkle, dicht behaarte Raupe. Später im Jahr wird sie sich eine geschützte Stelle am Boden suchen, um dort zu überwintern. Im darauffolgenden Jahr verpuppt sich die Raupe, und im Spätsommer schlüpft daraus ein Schmetterling, ein **BRAUNER BÄR**. Im Gegensatz zu tagaktiven Faltern wie dem Kohlweißling oder dem Kleinen Fuchs fliegt der Braune Bär nur in der Nacht. Am Tage ruht er mit zusammengefalteten Flügeln auf einem Stamm, Zweig oder Blatt, und man braucht schon etwas Glück, um ihn zu finden. Der Braune Bär ist nämlich mit seinen braunweißen Vorderflügeln hervorragend getarnt. Sollte trotzdem einmal eine Meise oder ein anderer hungriger Vogel nach ihm picken, zieht er blitzschnell seine Vorderflügel nach vorn. Dadurch wird der Angreifer plötzlich mit den auffallend gefärbten Hinterflügeln konfrontiert. Sie sind rot und besitzen große, blauschwarze Flecken. Während der Vogel noch mit dem Schrecken zu kämpfen hat, fliegt der Braune Bär davon.

Brauner Bär

Bald kommen wir an eine große Senke, teils sandig, teils mit Trockenra-

BRAUNER BÄR (Arctia caja) [KENNZEICHEN] Flügelspannweite 5–7,5 Zentimeter; braune Vorderflügel mit weißem Netzmuster, rote Hinterflügel mit blauschwarzen Flecken. Die dunkle Raupe ist wollig behaart und kann bis zu 6 Zentimeter lang werden. [LEBENSRAUM] Wälder, Wiesen, Moore, aber auch Gärten und Parks. [NAHRUNG] Der Falter nimmt keine Nahrung auf, da seine Mundwerkzeuge verkümmert sind. Die Raupe frisst verschiedene Pflanzen, etwa Brennnessel, Mädesüß, Himbeere und Brombeere. [SONSTIGES] Früher war der Braune Bär noch recht häufig. Mittlerweile gehen die Bestände langsam zurück. Durch dichte Bebauung und Monokulturen in der Landwirtschaft gibt es immer weniger Futterpflanzen für die Raupen.

sen bewachsen. Wir wählen den Weg nach links, der am Rand der Senke bergab führt. Er wird von einer Reihe Brombeerpflanzen mit reichem Insektenleben begleitet. Wir beobachten Schwebfliegen, Goldfliegen und Wespen. Über uns ruft ein Kolkrabe, und in der Ferne sind einige Bienenkästen zu sehen. Ihre Bewohner finden ja hier in der Heide reichlich Nahrung. Aus der Kiefernwaldung, an der wir entlanggehen, hören wir das unverkennbare »zigürr« der possierlichen Haubenmeise. Eine junge Kiefer fällt uns besonders auf. Sie ist voller Spinnweben. Das war das Werk der **GEMEINEN BALDACHINSPINNE**. Sie baut sich kein Radnetz wie die Gartenkreuzspinne, sondern spinnt sich einen waagerechten Netzteppich, der von Spinnfäden nach unten gespannt ist, sodass eine Art Baldachin entsteht. Darüber legt sie noch ein lockeres Geflecht aus vielen »Stolperfäden« an. Mit dem Rücken nach unten am Netzteppich hängend, wartet die Gemeine Baldachinspinne auf Beute. Verfängt sich nun ein Insekt im Geflecht der kreuz und quer verlaufenden Stolperfäden, fällt es schließlich auf den baldachinartigen Netzteppich und wird von der hungrigen Spinne getötet und ausgesaugt. Ihre hängende Lebensweise bringt der Gemeinen Baldachinspinne einige Vorteile. So ist sie von oben betrachtet nur schwer zu erkennen, da sich ihre braunschwarze Unterseite

Gemeine Baldachinspinne

GEMEINE BALDACHINSPINNE (Linyphia triangularis) [KENNZEICHEN] Länge 0,5–0,7 Zentimeter. Männchen und Weibchen sind etwa gleich lang. Ein markantes Kennzeichen ist eine gezackte Längsbinde auf der Oberseite des weißlichen Hinterleibs. [LEBENSRAUM] Waldränder, Wiesen. [NAHRUNG] Kleinere Insekten wie Fliegen oder Mücken. [SONSTIGES] Kommt sehr häufig vor, in der Stadt auch in Gärten und Parks. Ein besonders schöner Anblick ist eine herbstliche Wiese voll glitzernder Netze der Gemeinen Baldachinspinne.

kaum vom dunklen Boden abhebt. Ein Vogel hat also nur eine geringe Chance, die Spinne zu entdecken. Mit ihrer dunklen Unterseite kann sich die Gemeine Baldachinspinne nicht nur tarnen, sie kann damit auch besonders gut die wärmenden Sonnenstrahlen aufnehmen.
Nach links führt ein Seitenweg einen Hang hinauf. Oben angelangt, haben wir einen schönen Blick auf die weitläufige hügelige Heidelandschaft. Von fern erklingt der Ruf eines Schwarzspechts. In der knorrig verwachsenen Birke, die hier auf der Höhe Wurzeln geschlagen hat, sitzen zwei Ringeltauben, die aber gleich wegfliegen, als sie uns sehen. Der Weg führt uns noch ein Stück weiter auf der Hanghöhe entlang. Rechts und links blüht die Heide. Überall sind die Netzteppiche der Baldachinspinnen zu sehen. Als wir den Bau einer Schwarzen Wegameise im Heidesand betrachten, wird unser Blick von einem schwarzen Zickzackmuster auf hellgrauem Untergrund abgelenkt. Eine Schlange? Tatsächlich! Wir schauen auf den schuppigen Rücken einer **KREUZOTTER**, die sich im Heide-

Kreuzotter

KREUZOTTER (Vipera berus) [KENNZEICHEN] Länge 65–80 Zentimeter; variable Färbung und Zeichnung. Oft ist das kontrastreich gezeichnete Männchen weißlich oder hellgrau und hat ein schwarzes Zickzackband auf dem Rücken. Das etwas größere Weibchen ist häufig bräunlich bis rötlich und besitzt ein dunkelbraunes Zickzackmuster. [LEBENSRAUM] Moore, Heiden, Dünen, Feldränder, Waldlichtungen. [NAHRUNG] Frösche, Eidechsen und Kleinsäuger. [SONSTIGES] In Hamburg ist die Kreuzotter vom Aussterben bedroht. Grund ist der Verlust von Lebensräumen. Es gibt nur noch einige Restpopulationen in Naturschutzgebieten wie dem Duvenstedter Brook und der Fischbeker Heide.

kraut versteckt hat. Sie lässt sich von den Sonnenstrahlen wärmen. Jetzt bloß nicht bewegen, denn das scheue Reptil spürt bereits die geringste Erschütterung und reagiert sofort mit Flucht. Da der Rücken dieser Kreuzotter sehr kontrastreich gezeichnet ist, schließen wir auf ein Männchen. Den Kopf können wir leider nicht sehen. Wie alle Schlangen hat auch die Kreuzotter einen »starren Blick«. Sie besitzt nämlich keine Augenlider, sondern nur durchsichtige Schuppen, die die Augen bedecken. Die Kreuzotter hat senkrecht geschlitzte Pupillen. Das ist typisch für Ottern. Bei den Nattern, etwa der Ringelnatter, sind sie rund. Wir müssen besonders vorsichtig sein, denn die Kreuzotter ist giftig. Fühlt sie sich in die Enge getrieben, reagiert sie zunächst mit einem lauten Zischen. Nützt das nichts, beißt die Schlange zu. Doch so weit wollen wir es lieber nicht kommen lassen und gehen ganz ruhig weiter. Die Kreuzotter merkt das natürlich und schlängelt sich davon.

Schräg den Hang hinab stößt der schmale Heideweg auf den Hauptwanderweg Nummer 3, der am Grund des Fischbektals parallel zu einem Reitweg und einem weiteren Hauptwanderweg verläuft. Wir halten uns links. Auf der Unterseite eines Eichenblatts fällt uns ein kugeliges, grünes Gebilde auf. Es ist ein Gallapfel, in dem sich die Larve einer Gemeinen Eichengallwespe befindet. Sie ist hier gut geschützt und hat reichlich zu fressen. Im Herbst verpuppt sich die Larve und verlässt schließlich die Eichengalle als fertig ausgebildetes Insekt. Ein Stieglitz ist zu hören, und aus einer Birke meldet sich ein Zilpzalp mit seinem unverkennbaren Gesang. Auf dem sandigen Weg sonnen sich zwei Blutrote Heidelibellen. Von überall her hören wir das Summen der **HONIGBIENEN**. Vielleicht kommen sie ja aus den Bienenkästen, die wir vorhin gesehen haben. In jedem dieser Kästen lebt ein Bienenvolk, das aus der Königin, den Arbeiterinnen und den Drohnen besteht. Die Königin sorgt für Nachwuchs im Bienenstock. Die Aufgabe der Drohnen, also der männlichen Bienen, besteht darin, die Königin zu befruchten. Die meisten Bienen im Bienenstaat sind Arbei-

Honigbiene (Arbeiterin)

terinnen. Im Laufe ihres kurzen Lebens von einigen Wochen haben sie verschiedene Aufgaben zu verrichten. So füttern sie die Larven, sorgen als Wächterbienen dafür, dass keine Wespen und andere unerwünschte Gäste in den Bienenstock gelangen und besuchen in den letzten Tagen ihres Lebens die Blüten, um Nektar und Pollen für ihr Volk zu sammeln. Wir beobachten einige Honigbienen, wie sie von Heideblüte zu Heideblüte fliegen und mit ihren Rüsseln Nektar saugen. Den gesammelten Pollen verstauen sie in ihren »Körbchen«. Das sind flache Vertiefungen auf den Unterschenkeln ihrer Hinterbeine. Manche Honigbienen haben schon ganz viele Pollenkörner gesammelt, was wir an ihren gelben »Höschen« erkennen. Mit dem Wunsch, uns demnächst ein Glas Heidehonig zu kaufen, gehen wir weiter.

Ein Buchfink ruft, und eine Blaumeise lässt ihr zartes Klingeln hören. Wir sehen einen Schmetterling, den Kleinen Fuchs, und entdecken auf dem Stamm einer Eiche ein junges Grünes Heupferd. Während Schmetterlinge eine vollständige Metamorphose aus Ei, Raupe, Puppe und Schmetterling durchlaufen, gibt es bei den Heuschrecken kein Puppenstadium. Ihre Larve wird hingegen nach jeder Häutung dem erwachsenen Insekt immer

HONIGBIENE (Apis mellifera) [KENNZEICHEN] Königin: 1,5–1,8 Zentimeter; Drohne: 1,3–1,6 Zentimeter; Arbeiterin: 1,1–1,3 Zentimeter. Die Königin hat einen langen und schlanken Hinterleib. Die Drohne ist kleiner als die Königin, hat eine gedrungene Körperform und besitzt große Netzaugen. Am kleinsten ist die Arbeiterin. Sie hat eine braune Grundfarbe und ist gelblich behaart. [LEBENSRAUM] Wiesen, Gärten, Parks, Waldränder. [NAHRUNG] Nektar und Pollen. [SONSTIGES] Die Honigbiene bildet große Staaten. Ein Bienenvolk kann aus 50 000 und mehr Bienen bestehen. In Hamburg gibt es fast 5000 Bienenvölker. Sie finden sich auch mitten in der Stadt, etwa auf der Musikhalle oder auf Dächern von Mietshäusern in Ottensen.

Fichtenkreuzschnabel

ähnlicher. Ganz anders ist es bei der Larve des Schmetterlings, der Raupe. Sie ähnelt dem erwachsenen Falter überhaupt nicht und muss sich erst verpuppen, um zu einem Schmetterling zu werden. Nach einigen weiteren Schritten hören wir über uns die hohen, metallisch klingenden Flugrufe mehrerer **FICHTENKREUZSCHNÄBEL**. Diese Finkenvögel haben einen ganz außergewöhnlichen Schnabel. Die obere und untere Schnabelhälfte überkreuzen sich an ihren Spitzen und machen den Schnabel zu einem hervorragenden Werkzeug, mit dem der Vogel an seine Lieblingsnahrung gelangen kann. Das sind die Samen aus den Zapfen von Fichten. Der Fichtenkreuzschnabel nutzt seinen Spezialschnabel als Hebel, mit dem er die eng anliegenden Schuppen eines Fichtenzapfens aufbiegt, um an die nährstoffreichen Samen zu gelangen. Bei der Suche nach den leckeren Samen klettert der Fichtenkreuzschnabel ganz geschickt im Geäst herum, auch gern in den Zweigen von Fichten, wie sein Name schon sagt. Er sucht seine Nahrung aber auch in Kiefern und anderen Nadelbäumen. Der Fichtenkreuzschnabel klettert nicht nur mit seinen beiden Füßen, sondern nimmt auch seinen Schnabel zu Hilfe.

FICHTENKREUZSCHNABEL (Loxia curvirostra) [KENNZEICHEN] Länge 15–17 Zentimeter; überkreuzte Schnabelspitzen und kurzer, eingekerbter Schwanz. Das Männchen ist überwiegend rötlich gefärbt, das Weibchen grünlichbraun. Wellenförmiger Flug. [LEBENSRAUM] Nadelwald. [NAHRUNG] Samen von Fichten, Kiefern und Lärchen. [SONSTIGES] Der Fichtenkreuzschnabel ist schwer zu beobachten, da er sehr schweigsam ist und meist oben in den Nadelbäumen nach Nahrung sucht. Im Flug fällt er manchmal durch sein helles »Gipp, Gipp, Gipp« auf.

Er nutzt ihn sozusagen als dritten Fuß. Der Fichtenkreuzschnabel findet in Nadelbäumen nicht nur seine Nahrung, er brütet auch dort, und zwar schon im Winter. Dann gibt es viel zu fressen, weil die Zapfen reif und voller Samen sind.

Jetzt wird es langsam Zeit, zum Ausgangspunkt unserer abwechslungsreichen Tour zurückzukehren. Bei einer vierstämmigen Birke biegen wir nach links und gehen einen wenig ausgetretenen Wanderpfad bergauf zu einer Lichtung. Dann geht es immer geradeaus durch unterholzreichen Wald. Auf dem letzten Stück unserer Heidewanderung steht rechter Hand ein Rest Krattwald mit teils bizarr gewachsenen Eichen und Birken. Er geht auf eine längst außer Gebrauch gekommene Form der Waldwirtschaft zurück, bei der die Bäume zwecks Brennholzgewinnung im Abstand von zwanzig bis dreißig Jahren immer wieder dicht über dem Boden abgesägt wurden. Die Stümpfe trieben dann neu aus. Hier im Krattwald fliegt zum Abschied noch ein Schmetterling mit roten Streifen auf seinen dunklen Flügeln, ein wunderschöner Admiral.

HINWEISE

Nähere Auskünfte über das Naturschutzgebiet erhält man im Infohaus Fischbeker Heide der Loki Schmidt Stiftung (Fischbeker Heideweg 43 A, Telefon (040) 702 66 18), geöffnet dienstags bis freitags von 9 bis 13 Uhr, an Sonn- und Feiertagen von 11 bis 17 Uhr. Das Infohaus bietet auch verschiedene naturkundliche Veranstaltungen an. *Im Sommer bietet auch der NABU: www.hamburg.nabu.de, Telefon (040) 697 08 90, verschiedene Führungen an (Insekten, Spinnen, Vögel).* *Eine gute Gebietskarte hat die Behörde für Umwelt und Energie herausgegeben, www.hamburg.de/bue/, Telefon (040) 428 403 416.*

EIGENE BEOBACHTUNGEN

SUMM, SUMM, SUMM – BIENEN

Im Hamburger Michel gibt es Honig zu kaufen. Er stammt von Honigbienen, die oben im Turm leben und fleißig Nektar und Pollen aus der näheren Umgebung gesammelt haben. Vielleicht waren sie in den Wallanlagen unterwegs oder haben Balkonblumen der umliegenden Mietshäuser besucht. Auch auf der Musikhalle und einigen anderen Gebäuden der Hansestadt stehen Bienenstöcke. Findige Stadtimker haben sie dort aufgestellt. Sie wissen, dass die emsigen Blütenbestäuber im grünen Hamburg mit seinen vielen Gärten und Parks reichlich Nahrung vorfinden. Vom Frühjahr bis in den Herbst gibt es immer ausreichend Blüten. Eine schöne Krokuswiese in der Innenstadt wissen die Honigbienen ebenso zu schätzen wie ungefüllte Dahlienblüten im Altonaer Dahliengarten. Das Interesse an der Stadtimkerei hat in den letzten Jahren erheblich zugenommen. »Urban beekeeping« ist zu einem Trend geworden, besonders bei jüngeren Menschen. Mittlerweile gibt es in Hamburg fast eintausend Stadtimker, die etwa fünftausend Bienenvölker betreuen.

Den Hamburger Honigbienen geht es noch relativ gut. Ganz anders sieht es dagegen für die Honigbienen auf dem Land aus. Die intensive Agrarwirtschaft mit ihren Monokulturen macht ihnen zu schaffen, denn sie finden nicht mehr ausreichend Nahrung. Außer den großen Rapsfeldern im Frühjahr gibt es nur noch wenige Nektar- und Pollenquellen. Eine weitere Gefahr für diese nützlichen Fluginsekten ist der flächendeckende Einsatz von hochwirksamen Insektiziden. Davon sterben nicht nur Pflanzenschädlinge, sondern eben auch Honigbienen, Schmetterlinge, Käfer und viele andere Insekten. Der Raubbau an der Natur und der massive Einsatz von Chemie in der Landwirtschaft haben zu einem großen Insektensterben geführt. Mehr als siebzig Prozent der einheimischen Insektenarten sind bereits ausgestorben. Darunter leiden natürlich auch die insektenfressenden Vögel, denn ihnen fehlt die Nahrung. Gäbe es die Honigbiene

Honigbiene (Königin)

nicht mehr, müssten wir auf Äpfel, Erdbeeren, Gurken und viele andere Lebensmittel verzichten, die erst nach einer Bestäubung heranwachsen.

Honigbienen kennt jeder. Doch wie steht es mit Wildbienen? Sie sind oft ziemlich klein und leben versteckt als Einzelgänger. Deshalb ist es viel schwerer, sie zu beobachten, und es fällt gar nicht weiter auf, wenn einzelne Arten von der Bildfläche verschwinden. Auch die Wildbienen sind wichtige Pflanzenbestäuber und müssen deshalb geschützt werden. Von den etwa 250 in Hamburg lebenden Wildbienenarten ist fast die Hälfte bedroht. Die Deutsche Wildtier Stiftung will etwas dagegen tun. Sie schafft Wiesen mit speziellen Nektarpflanzen, sorgt für Nistmöglichkeiten oder stellt Informationsmaterial über Wildbienen zur Verfügung. Bis zum Jahre 2020 will sie eine Rote Liste der Hamburger Wildbienen erstellen. Im Gegensatz zu den Honigbienen sind die Wildbienen keine Nutztiere, die der Mensch für seine Bedürfnisse hochgezüchtet hat. Sie leben noch völlig frei und bereichern unsere natürliche Umwelt. Auch deshalb, und nicht nur wegen ihrer Bestäubungsleistung, bedürfen sie unseres Schutzes. Ohne Wildbienen wäre die Natur ein entscheidendes Stückchen ärmer.

Drohne

Honigbienen und die verschiedenen Wildbienenarten brauchen engagierte Unterstützung. Jeder, der einen Garten hat, kann etwas für diese geflügelten Insekten tun und sollte ihnen von März bis Oktober ein dauerndes Angebot an blühenden Pflanzen

Arbeiterin

zur Verfügung stellen. Etwa Krokus und Blaukissen im Frühjahr, Mauerpfeffer und Roter Sonnenhut im Sommer sowie Goldrute und Margerite im Herbst. Auch der Blumenkasten auf dem Balkon lässt sich mit bienenfreundlichen Pflanzen wie Kapuzinerkresse und Thymian bestücken. Gefüllte Blüten sind für Bienen uninteressant, weil sie keinen Pollen und auch nur wenig Nektar zur Verfügung stellen. Während sich die Honigbienen von den unterschiedlichsten Gewächsen ernähren, sind die Wildbienen ausschließlich an einheimische Blumen, Stauden, Sträucher und Bäume angepasst. Neben einem ausreichenden Nahrungsangebot brauchen sie natürlich auch Nistmöglichkeiten. Manche Arten leben in hohlen Stängeln, andere nisten zwischen Steinen oder im Boden und wiederum andere bewohnen morsches Holz.

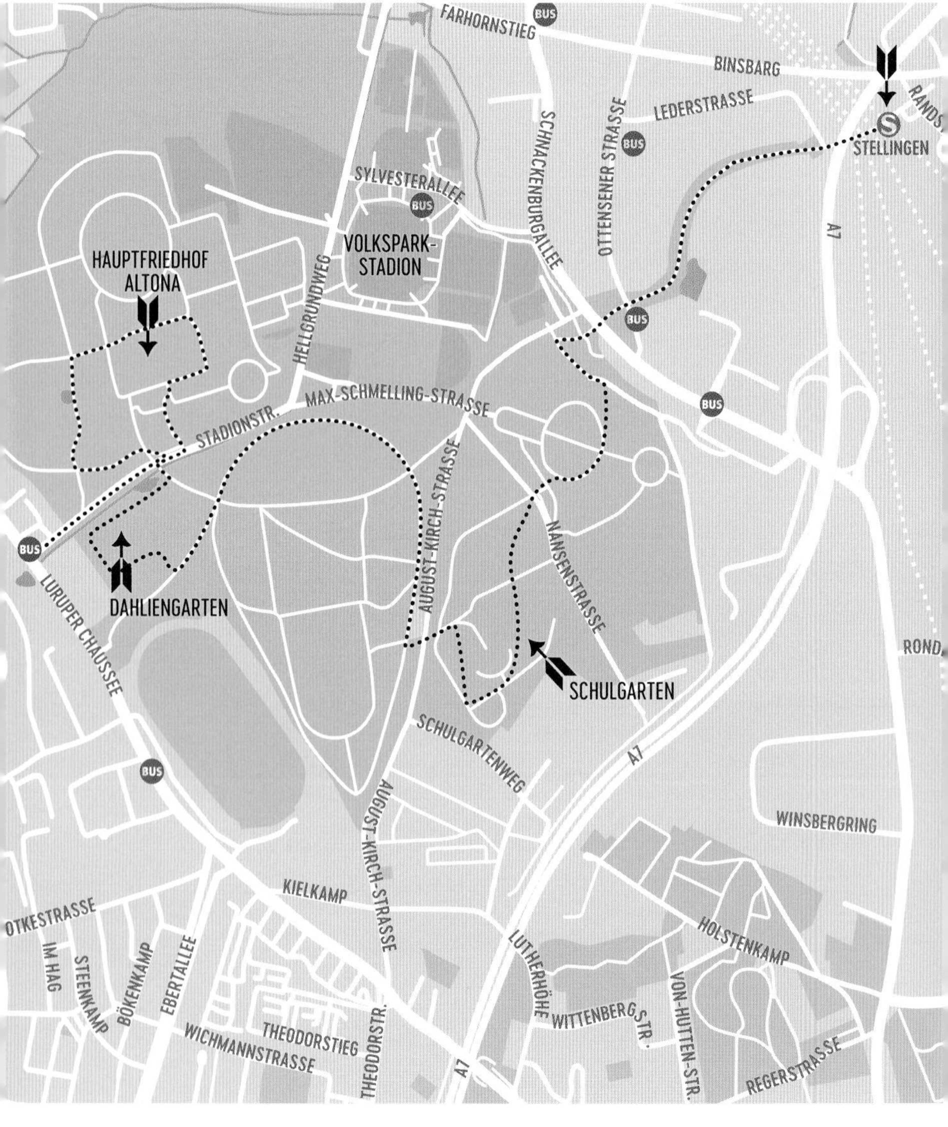
FARHORNSTIEG
BINSBARG
LEDERSTRASSE
SCHNACKENBURGALLEE
OTTENSENER STRASSE
STELLINGEN
SYLVESTERALLEE
VOLKSPARK-STADION
HAUPTFRIEDHOF ALTONA
HELLGRUNDWEG
MAX-SCHMELLING-STRASSE
STADIONSTR.
AUGUST-KIRCH-STRASSE
NANSENSTRASSE
DAHLIENGARTEN
LURUPER CHAUSSEE
SCHULGARTEN
SCHULGARTENWEG
A7
WINSBERGRING
KIELKAMP
OTKESTRASSE
IM HAG
STEENKAMP
BÖKENKAMP
EBERTALLEE
THEODORSTIEG
WICHMANNSTRASSE
THEODORSTR.
LUTHERHÖHE
WITTENBERGSTR.
VON-HUTTEN-STR.
HOLSTENKAMP
REGERSTRASSE
BUS

ALTONAER VOLKSPARK

Ob ein zünftiges Picknick auf der großen Spielwiese, ein geruhsamer Spaziergang auf verschlungenen Waldwegen oder ein gemütliches Stelldichein in lauschiger Gartenecke – der Altonaer Volkspark, mit rund 205 Hektar Hamburgs größte öffentliche Grünfläche, bietet allen etwas. Jogger finden reichlich Auslauf, Fußballfreunde haben ihren Spaß beim Kicken, und die Kleinen tummeln sich auf einem der Spielplätze. Der damalige Altonaer Gartenbaudirektor Ferdinand Tutenberg ließ die abwechslungsreiche Parkanlage in Bahrenfeld zwischen den Jahren 1914 und 1933 anlegen. Es ging ihm um frische Luft und Erholung für die damals stark anwachsende Bevölkerung. Nach den Plänen Tutenbergs sollte nicht in erster Linie eine geometrische Ordnung den Park bestimmen, sondern die vorgegebenen Landschaftsformen. So sind bewaldete Hügel und Schluchten, aber auch Lichtungen ein wesentlicher Bestandteil des Altonaer Volksparks.

IGEL UND RATTE

Der Altonaer Volkspark und der nördlich davon gelegene Hauptfriedhof Altona sind nicht nur für erholungsuchende Menschen von Bedeutung,

Der Altonaer Volkspark liegt im Westen Hamburgs und ist gut mit öffentlichen Verkehrsmitteln zu erreichen: S-Bahn (S3, S21) bis Stellingen; Buslinien 2 und 3 bis August-Kirch-Straße; Buslinie 2 bis Luruper Chaussee (DESY) oder Stadionstraße; Buslinie 22 bis Farnhornweg, Langbargheide (Süd) oder Hellgrundweg (Arenen); Buslinie 180 bis Am Volkspark. Autofahrer finden viele Parkmöglichkeiten.

Waldohreule

sie sind auch Lebensraum vieler Tierarten. Einige davon wollen wir während unserer Wanderung etwas näher kennenlernen. Zuerst besuchen wir den Hauptfriedhof Altona. Hier sollen Waldohreule und viele andere Vogelarten brüten. Sogar Hasen wurden schon gesehen. Außerdem ist ein kleiner, naturnaher Teich für uns interessant. Dort quaken Frösche, und Libellen fliegen über das Wasser, um Eier abzulegen. Nach unserem kleinen Rundgang geht es dann weiter in den Dahliengarten. Hier wachsen nicht nur schöne Blumen, sondern sind auch Blütenbesucher wie Bienen, Schwebfliegen und andere Insekten zu beobachten. Beim anschließenden Gang durch den abwechslungsreich gestalteten Schulgarten entdecken wir vielleicht einen Braunbrustigel, sicherlich aber den einen oder anderen bunten Schmetterling; der über die Ziersträucher und Staudenbeete gaukelt, um Nektar zu tanken. Am Schluss unseres Besuchs im Altonaer Volkspark gehen wir den von Büschen und Bäumen gesäumten gepflasterten Weg in Richtung des S-Bahnhofs Stellingen. Er führt an der ehemaligen Stellinger Müllverbrennungsanlage vorbei. Auch

WALDOHREULE (Asio otus) [KENNZEICHEN] Länge 31–37 Zentimeter; bräunliche Eule mit langen Federohren. Iris orangefarben. [LEBENSRAUM] Die Waldohreule braucht geschützte Stellen zum Brüten und Schlafen und freie Flächen zum Jagen. Ideal sind Waldränder mit Nadelbäumen. Dort brütet sie in verlassenen Krähen- oder Elsternnestern oder verschläft den Tag auf einem Baum. In Städten brüten Waldohreulen auch in Parks und auf Friedhöfen. [NAHRUNG] Mäuse, Kleinvögel. [SONSTIGES] Im Winter bilden Waldohreulen oft Schlafgemeinschaften auf bestimmten Schlafbäumen. Auch in Hamburg gibt es einige Schlafbäume. Einer davon befindet sich im Stadtpark.

auf diesem letzten Abschnitt können wir Tiere beobachten: Krähen, die in den Abfallbehältern am Wegesrand nach Fressbarem suchen, oder sogar die eine oder andere hungrige Wanderratte.

An diesem angenehm warmen Spätnachmittag Ende Mai fahren wir mit der Buslinie 2 bis zur Haltestelle Stadionstraße und spazieren unter den ausladenden Kronen alter Eichen zum Haupteingang des Hauptfriedhofs Altona. Dort empfangen uns prächtig rosafarben blühende Japanische Zierkirschen und ein schönes Vogelkonzert. Ein Eichhörnchen sitzt auf dem Weg und knabbert an einer Nuss. Als es uns bemerkt, flitzt es geschwind den dicken Stamm einer Kastanie hinauf und verschwindet im Blattwerk. Beim Blick nach oben fallen uns die vielen bräunlichen Flecken auf den Kastanienblättern auf. Das sind die Fraßgänge der Larven der Rosskastanienminiermotte, eines Kleinschmetterlings. Er ist ein weitverbreiteter Pflanzenschädling, der in Hamburg bereits unzählige Kastanien befallen hat. Wir wollen schon weitergehen, da entdecken wir am Boden etwas ganz Besonders: das grauschwarze Gewölle einer **WALDOHREULE**. Ein Gewölle, auch Speiballen genannt, besteht aus unverdaulichen Nahrungsresten, die die Eule wieder hervorgewürgt hat. Als wir uns den Speiballen etwas näher anschauen, sehen wir kleine Knochenstückchen und Federn. Sie stammen von Mäusen und Vögeln. Leider können wir die Waldohreule auch nach längerem Suchen nicht finden. Am Tag ruht sie gern auf einem Ast nahe am Baumstamm. Mit ihrem rindenfarbigen Gefieder ist sie hervorragend getarnt. In der Dämmerung und nachts geht die Waldohreule auf Jagd. Sie fängt vor allem Mäuse, die sie vom Ansitz aus oder im bodennahen Suchflug über Wiesen und anderen freien Flächen findet. Sind nicht genügend Mäuse da, frisst die Waldohreule auch Kleinvögel wie Spatzen und Finken. Ihren Namen verdankt sie den langen »Federohren«, mit denen sie ihre jeweilige Stimmung ausdrücken kann. Ist die Waldohreule konzentriert und angespannt, sind sie steil aufgerichtet. Fühlt sie sich ungestört und ist entspannt, legt sie ihre Federohren an.

Hufeisen-Azurjungfer (Männchen)

Beim Weitergehen hören wir das Tschackern zweier Elstern. Die schwarzweißen Rabenvögel mit ihrem langen Schwanz und den kurzen Flügeln sind keine besonders guten Flieger und bewegen sich eher flatternd fort. Auf einem Rasenstück entdecken wir einige Maulwurfshügel und zwei Wildkaninchen, die sich an Grashalmen gütlich tun. Schließlich erreichen wir einen kleinen, naturnah angelegten Teich. Auf dem Wasser blühen Weiße Seerosen, ein paar Grasfrösche quaken, und verschiedene Libellen fliegen in der Ufervegetation oder über die Wasseroberfläche. Einige sind gerade dabei, Eier abzulegen. Es sind **HUFEISEN-AZURJUNGFERN**. Die Männchen dieser grazilen Insekten tragen auf ihrem zweiten Hinterleibssegment eine schwarze Zeichnung, die einem Hufeisen ähnelt. Daher rührt der Name. Es ist spannend, diesen Tieren bei der Eiablage zuzuschauen. Wir sehen drei Paare. Die Männchen stehen fast senkrecht auf der Brust ihrer Weibchen, während diese die Eier in die Blätter von Wasserpflanzen einstechen. Indem die Männchen mit ihren Weibchen während der Eiablage verbunden sind, können sie eine Paarung ihrer Partnerin mit anderen Männchen verhindern. Die Hufeisen-Azurjungfern legen ihre Eier gern in Gemeinschaft ab. Das bietet einen gewissen Schutz vor hungrigen Fröschen. Die

HUFEISEN-AZURJUNGFER (Coenagrion puella) [KENNZEICHEN] Flügelspannweite 4–5 Zentimeter. Das Männchen ist hellblau mit schwarzer Zeichnung und trägt ein hufeisenförmiges Mal auf seinem zweiten Hinterleibssegment. Dem grünlichen Weibchen fehlt dieses schwarze Mal. [LEBENSRAUM] Stehende Gewässer aller Art. [NAHRUNG] Kleine Fluginsekten. [SONSTIGES] Die Hufeisen-Azurjungfer fliegt von Mai bis September. Sie ist häufig zu beobachten und kommt auch an größeren Gartenteichen vor. Es gibt verschiedene Arten von Azurjungfern, die sich an der schwarzen Zeichnung ihres Hinterleibs unterscheiden lassen.

Hufeisen-Azurjungfer (Weibchen)

sind verwirrt und können sich nur schwer entscheiden, wo sie zuschnappen sollen.

Jetzt verlassen wir den Hauptfriedhof Altona, überqueren die Stadionstraße und gehen in Richtung Dahliengarten. Aus einer Trauerbuche hören wir den schmetternden Gesang eines Buchfinken und die wehmütigen Töne eines Rotkehlchens. Im Dahliengarten blühen zu dieser Zeit noch keine Dahlien, aber von Juli bis Oktober locken dort fast 400 Sorten der Korbblütler unzählige Besucher an. Über uns fliegen zwei dunkle Vögel. Der kleinere ist eine Dohle, der größere eine Rabenkrähe. Auch über den Blumenbeeten ist einiges Getier unterwegs. Bienen, Hummeln, Käfer und verschiedene Schwebfliegenarten besuchen die Blüten, um sich von Nektar und Pollen zu ernähren. Dabei bestäuben sie gleichzeitig die Pflanzen. Eine Schwebfliege fällt uns besonders auf. Sie ähnelt in ihrem Aussehen einer Wespe und heißt **HAIN-SCHWEBFLIEGE**. Zwar erinnert ihr gelbschwarzes Warnmuster auf dem Hinterleib an die Färbung einer Wespe, aber sie besitzt keinen Stachel, ist also für Fress-

Hain-Schwebfliege

HAIN-SCHWEBFLIEGE (Episyrphus balteatus) [KENNZEICHEN] Länge 0,7–1,2 Zentimeter; schlanker Körper mit gelbschwarzem Hinterleib. Die Hain-Schwebfliege kann mit 300 Flügelschlägen in der Sekunde wie ein Kolibri in der Luft stehen. [LEBENSRAUM] Weitverbreitet und in vielen unterschiedlichen Lebensräumen zu finden. [NAHRUNG] Nektar und Pollen. Die Larven fressen Blattläuse. [SONSTIGES] Die Hain-Schwebfliege ist ein wichtiger Blütenbestäuber. Sie ist auch deshalb so nützlich, weil ihre Larve bis zu ihrer Verpuppung einige Hundert Blattläuse vertilgt. Wer diese Schwebfliege unterstützen möchte, sollte ihr Pflanzen wie Pfefferminze, Löwenzahn oder Ringelblume als Nektar- und Pollenlieferanten anbieten.

Kleiner Fuchs

feinde wie Vögel völlig ungefährlich. Das »wissen« diese natürlich nicht und lassen die Schwebfliege deshalb in Ruhe. Die Hain-Schwebfliege ist ein schönes Beispiel für das biologische Phänomen der »Mimikry«. Sie imitiert das Aussehen eines für ihre Feinde gefährlichen Insekts und ist so vor ihnen geschützt. Wie alle Schwebfliegenarten »schwebt« auch die Hain-Schwebfliege oft im Schwirrflug über einer blühenden Pflanze. Das Weibchen sucht dann nach Blattläusen, in deren Nähe es seine Eier ablegt. Die später daraus schlüpfenden Larven ernähren sich von den Blattläusen, indem sie diese aussaugen. Die Hain-Schwebfliege ist also ein sehr nützliches Insekt und deshalb bei Gärtnern sehr beliebt.

Immer den Hinweisschildern nach spazieren wir nun zum Schulgarten. An Buchen, Eichen, Ahornen und Fichten entlang gelangen wir zuerst an eine große Spielwiese. Sie ist von alten Linden umstanden. Diese Bäume sind ein Paradies für Blattläuse. Das weiß jeder, der einmal sein Auto unter Linden geparkt hat und sich über die klebrigen Ausscheidungen dieser Insekten ärgert. Es geht weiter, und nach einigen Minuten erreichen wir den schönen Schulgarten, der den Altonaer Schulen früher Anschauungsmaterial für den Biologie- und Zeichenunterricht lieferte. Heute erfreut er die

KLEINER FUCHS (Aglais urticae) [KENNZEICHEN] Flügelspannweite 4,5–5 Zentimeter; orange Grundfärbung der Flügeloberseiten, Vorderrand der Vorderflügel mit schwarzen, gelben und weißen Flecken. An den Seiten der Vorder- und Hinterflügel befindet sich je eine Reihe blauer, dunkel umfasster Flecken. [LEBENSRAUM] Offenes Gelände wie Wiesen und Waldränder. Auch in Gärten, Parks und auf Friedhöfen. [NAHRUNG] Der Falter ernährt sich vom Nektar unterschiedlicher Pflanzen. Die schwarze und stachelige Raupe frisst Brennnesseln. [SONSTIGES] Der Kleine Fuchs ist einer der häufigsten hiesigen Falter. Er kommt sogar in der Innenstadt vor, wenn dort genügend Nektarpflanzen und Brennnesseln wachsen.

Besucher mit Zierstrauchrabatten, seltenen Bäumen und vielen anderen interessanten Pflanzen. Überall grünt und blüht es, und hier und da tanzen Schmetterlinge über die bunten Blumen. Wir sehen einen Zitronenfalter, ein Tagpfauenauge und den **KLEINEN FUCHS**. Dieser Schmetterling ist noch ziemlich häufig zu sehen, während viele andere Falter leider sehr selten geworden sind. Der Kleine Fuchs ist auf die Brennnessel als Futterpflanze für seine Raupen angewiesen. Und tatsächlich entdecken wir am Rande des Schulgartens eine Brennnessel, auf der mehrere dunkle Raupen dieses Falters sitzen und von den Blättern fressen. Wer einen Garten besitzt und dem Kleinen Fuchs und anderen Schmetterlingen helfen möchte, sollte einige kleinere Stellen im Garten verwildern lassen. Auf Brennnesseln, Disteln und anderen »Unkräutern« fühlen sich die Raupen von Kleinem Fuchs, Tagpfauenauge, Admiral, C-Falter, Distelfalter und Landkärtchen wie im Schlaraffenland. Der Kleine Fuchs überwintert als Schmetterling und nicht als Puppe wie viele andere Falter. Da er keinen Frost verträgt, sucht er sich ein geschütztes Plätzchen, etwa in einem Geräteschuppen oder im Keller.

Wir schlendern noch ein wenig durch die Blumenrabatten und kommen schließlich in den südlichen Teil des Schulgartens. Dort sind sieben Musterkleingärten zu besichtigen. Einst konnten Menschen hier das fachgerechte Gärtnern lernen. Heute ist man bemüht, einige dieser Schrebergärten wieder so zu gestalten, wie sie früher waren. Wir bleiben vor einer Parzelle stehen und lesen auf einem Schild, dass hier ein Kleingarten entstehen soll, wie er in den 1950er Jahren aussah. Ein Schmatzen lässt uns aufhorchen. Woher kommt es? Da entdecken wir auf einem Beet einen **BRAUNBRUSTIGEL**, im Volksmund einfach Igel genannt, der gerade einen Regenwurm verspeist. Wir haben Glück, diesen stachligen Gesellen zu sehen, denn er ist meist nur in der Nacht unterwegs. Den Tag verschläft er im selbst gebauten Nest aus Halmen und Blättern. Mit seinen beigefarbenen oder braunen Stacheln ist der Igel am Boden gut getarnt. Am ehesten macht er sich durch seine verschiedenartigen Geräusche bemerkbar. Fühlt er sich bedroht, faucht oder schnauft er deutlich. Feiert er Hochzeit, gibt er Laute von sich, die Schnarch- oder Sägegeräuschen ähneln. Reicht sein Fauchen und Schnaufen nicht, den Feind zu vertreiben, rollt er sich zu einer stachligen Kugel zusammen, um sich zu schützen. Igel sind Kulturfolger. Da sie auf dem Land durch die Intensivierung der Agrarwirtschaft nicht mehr genügend Nahrung und keine ausreichenden Versteckmöglichkeiten mehr finden, sind sie den Menschen in die Städte gefolgt. Hier haben sie in Gärten, Parks und auf Friedhöfen strukturreiche neue Lebensräume gefunden. Doch das Leben in der Stadt ist nicht ungefährlich. So fallen in Hamburg jedes Jahr über sechzig Prozent der Igel dem Verkehr zum Opfer.

Bis zur S-Bahn-Station Stellingen haben wir noch ein gutes Stückchen vor uns. Wir genießen die urige Parklandschaft mit ihren bewaldeten Hügeln und Schluchten. Beim Erklimmen der Stufen zur Birkenhöhe, mit 56 Metern die höchste Erhebung des Hamburger Volksparks, hören wir plötzlich die etwas unheimlich klingenden Rufe eines Waldkauzes. Doch wie lange wir auch nach ihm

Braunbrustigel

BRAUNBRUSTIGEL (Erinaceus europaeus) [KENNZEICHEN] Länge 22–30 Zentimeter; kurze Beine, kurzer Schwanz und spitze Schnauze. Die Körperoberseite ist mit sechs- bis achttausend Stacheln besetzt, die braune Unterseite ist stachellos. [LEBENSRAUM] Reich gegliederte Feldflur mit Hecken und Gebüschen, auch Waldränder; im Siedlungsbereich Gärten, Parks und Friedhöfe. [NAHRUNG] Regenwürmer, Schnecken, Insekten, Spinnen, aber auch Vogeleier und Mäuse. [SONSTIGES] Wer den Igeln über den Winter helfen will, sollte seinen Garten naturnah gestalten. Besonders wichtig sind Reisig-, Laub- und Komposthaufen. Dort finden die stacheligen Tierchen genügend zu fressen und können sich ihr Nest für den Winterschlaf bauen.

Ausschau halten, er ist nicht zu entdecken. Als wir den Park verlassen und auf dem gepflasterten Weg in Richtung S-Bahn Stellingen gehen, bemerken wir zwei Rabenkrähen beim Durchstöbern eines Müllbehälters. Sie suchen nach Pommes frites und anderem Fressbaren. Doch sie sind nicht die einzigen, die sich an den menschlichen Hinterlassenschaften bedienen. Auch eine **WANDERRATTE** freut sich über den reich gedeckten Tisch. Als sie zum Müllbehälter läuft, fliegen die Rabenkrähen weg, und sie kann sich in Ruhe über die am Boden liegenden Speisereste hermachen. Ursprüngliche Heimat der Wanderratte ist Nordostasien. Da dieser Nager hinsichtlich seiner Nahrung und seines Lebensraums sehr anpassungsfähig ist, hat er sich mithilfe des Menschen fast in der ganzen Welt ausgebreitet. In der Stadt fühlt sich dieser Kulturfolger besonders wohl, denn dort findet er als Allesfresser reichlich zu futtern und viele Möglichkeiten, sein Nest zu bauen, etwa zwischen Warenstapeln in Lagerräumen oder unter Fußbodendielen. Da die Wanderratte an unsere Nahrungsvorräte geht, sie mit ihrem Kot und Urin

Wanderratte

WANDERRATTE (Rattus norvegicus) [KENNZEICHEN] Länge (ohne Schwanz) 20–28 Zentimeter. Oben ist das Fell graubraun bis fast schwarz, unten ist es weißlichgrau. Der schwach behaarte Schwanz ist kürzer als der übrige Körper. Das Männchen ist größer als das Weibchen. [LEBENSRAUM] Da die Wanderratte laufen, klettern, schwimmen und tauchen kann, ist sie in fast allen Lebensräumen zu finden, in der Stadt häufig in der Kanalisation und in Gebäuden. [NAHRUNG] Allesfresser: Samen, Früchte, Blätter, Fische, Mäuse, kleine Vögel, Eier, Aas, aber gern auch Abfälle des Menschen. [SONSTIGES] In Hamburg müssen Ratten beim Institut für Hygiene und Umwelt der Gesundheitsbehörde unter der Telefonnummer (040) 428 457 972 gemeldet werden.

verschmutzt und Krankheiten wie Tollwut oder Salmonellen übertragen kann, ist sie ein sehr unbeliebter »Mitbewohner«. Wer Lebensmittel und Speisereste nicht einfach auf den Kompost wirft und Abfallbehälter geschlossen hält, kann seinen Teil zur Rattenbekämpfung beitragen.

HINWEISE

Alljährlich von April bis Juni veranstaltet der NABU vogelkundliche Kurzwanderungen auf dem Friedhof Altona. Information: www.hamburg.nabu.de, Telefon (040) 697 08 90. Der Friedhof ist ganztägig geöffnet. *Eine interaktive Karte des Volksparks findet sich unter www.hamburg.de/karte-volkspark/* *Im Dahliengarten sind von Mitte Juli bis Ende Oktober über 400 Dahliensorten zu sehen. Er ist täglich von 8 Uhr bis zum Einbruch der Dunkelheit geöffnet. Der Eintritt ist frei.*

EIGENE BEOBACHTUNGEN

EINWANDERER AUS FERNEN LÄNDERN – NEOZOEN

Auf dem Dachboden eines Mietshauses überwintert eine größere Schar Marienkäfer. Doch es ist nicht der gewöhnliche Siebenpunkt, der hier Schutz gesucht hat, sondern der Asiatische Marienkäfer. Er gehört zu den Neozoen. Das sind Tiere, die hier ursprünglich nicht heimisch waren und sich erst seit einer gewissen Zeit bei uns etabliert haben. Der aus China und Japan stammende Asiatische Marienkäfer wurde seit den 1980er Jahren zuerst in Nordamerika und später auch in Europa wegen seines großen Appetits auf Blattläuse zur biologischen Schädlingsbekämpfung eingeführt. Seitdem nehmen seine Bestände kontinuierlich zu. Erste Beobachtungen für Hamburg datieren aus dem Jahr 2002. Der konkurrenzstarke Asiatische Marienkäfer könnte ein Problem für den Siebenpunkt und die siebzig weiteren einheimischen Arten werden. Er vermehrt sich nämlich viel schneller, frisst mehr Blattläuse und geht auch an die Eier und Larven anderer Marienkäfer.

Ein weiterer in Hamburg lebender tierischer Einwanderer ist die Rosskastanienminiermotte. Die Larven dieses Kleinschmetterlings fressen sich durch das Blattgewebe der Weißblühenden Rosskastanie und zerstören es dadurch. Oft werfen befallene Bäume einzelne, bräunlich gefleckte Blätter bereits im Sommer ab und werden dadurch geschwächt, weil sie nur noch eingeschränkt Photosynthese betreiben können. Ursprüngliches Verbreitungsgebiet der orangebraunen Rosskastanienminiermotte sind die Balkanländer. Im Jahre 1984 wurde sie in Mazedonien entdeckt. Von dort aus gelangte dieser Schmetterling, oftmals als »Blinder Passagier« auf Autos und Eisenbahnen, in weitere europäische Länder. Seit dem Sommer 2000 häufen sich im Hamburger Raum Beschwerden über Baumschäden, die diese »Tramper-Motte« verursacht hat. Leider muss die Rosskastanienminiermotte hier bisher noch mit wenig natürlichen Feinden rechnen und ist auch nur schwer zu bekämpfen. Die einzige hilfreiche Maßnahme gegen den Befall besteht im Einsammeln und Vernichten der betroffenen Blätter. Zwischen mehreren Stockenten, die auf einem kleinen Teich im Hamburger Jenischpark schwimmen, fällt ein besonders prächtig gefärbter Vogel auf. Es ist eine Mandarinente. Und zwar das Männchen. Die weibliche Mandarinente ist unscheinbarer gefärbt. Wie der Name schon vermuten lässt, stammt die Mandarinente nicht von hier, sondern aus Ostasien. Wegen ihrer metallisch glänzenden Gefiederpartien ist diese schöne Ente als Ziergeflügel weltweit sehr beliebt. Immer wieder gelingt es ihr, aus der Gefangenschaft zu flüchten und kleine wildlebende Bestände aufzubauen. In Europa leben mittlerweile mehr Mandarinenten als in ihrer ursprünglichen Heimat im russisch-chinesischen Amurgebiet, in Nordostchina und in Japan. Dort sind die Bestände durch Zerstörung der Lebensräume sehr stark zurückgegangen. Wer die attraktive Mandarinente in Hamburg bewundern möchte, sollte den Tierpark Hagenbeck besuchen. Es besteht aber auch die Chance, freilebende Mandarinenten zu beobachten. Brutnachweise gibt es aus dem Hamburger Westen zwischen Forst Klövensteen und Jenischpark und aus dem Norden zwischen Wohldorfer Wald und Ammersbek.

Bei einem Spaziergang durch den Wildpark Schwarze Berge begegnet man einem Säugetier, das kleiner als ein Biber, aber größer als eine Bisamratte ist. Auffallend sind seine langen orangefarbenen Nagezähne. Die Nutria, auch Sumpfbiber oder Biberratte genannt, ist ein aus Südamerika stammendes Nagetier, das dort an pflanzenreichen Flüssen und Seen lebt. Wegen ihres wertvollen Fells wurde sie gefangen und in vielen Ländern der Welt in Pelztierfarmen weitergezüchtet, seit

Rosskastanienminiermotte

1926 auch in Deutschland. Da die Nutria immer wieder bewusst ausgewildert wurde, aber auch selbst aus Zuchtfarmen entkommen konnte, hat dieser Nager bundesweit freilebende Populationen aufgebaut. Auch aus den Hamburger Vier- und Marschlanden liegen Nachweise vor. Dort wachsen die Bestände langsam an, was nicht ganz unproblematisch ist. Die Nutria gräbt ihre Wohnhöhlen nämlich gern in Uferböschungen und Deiche, wodurch das Risiko von Abbrüchen durch Unterhöhlung steigt.

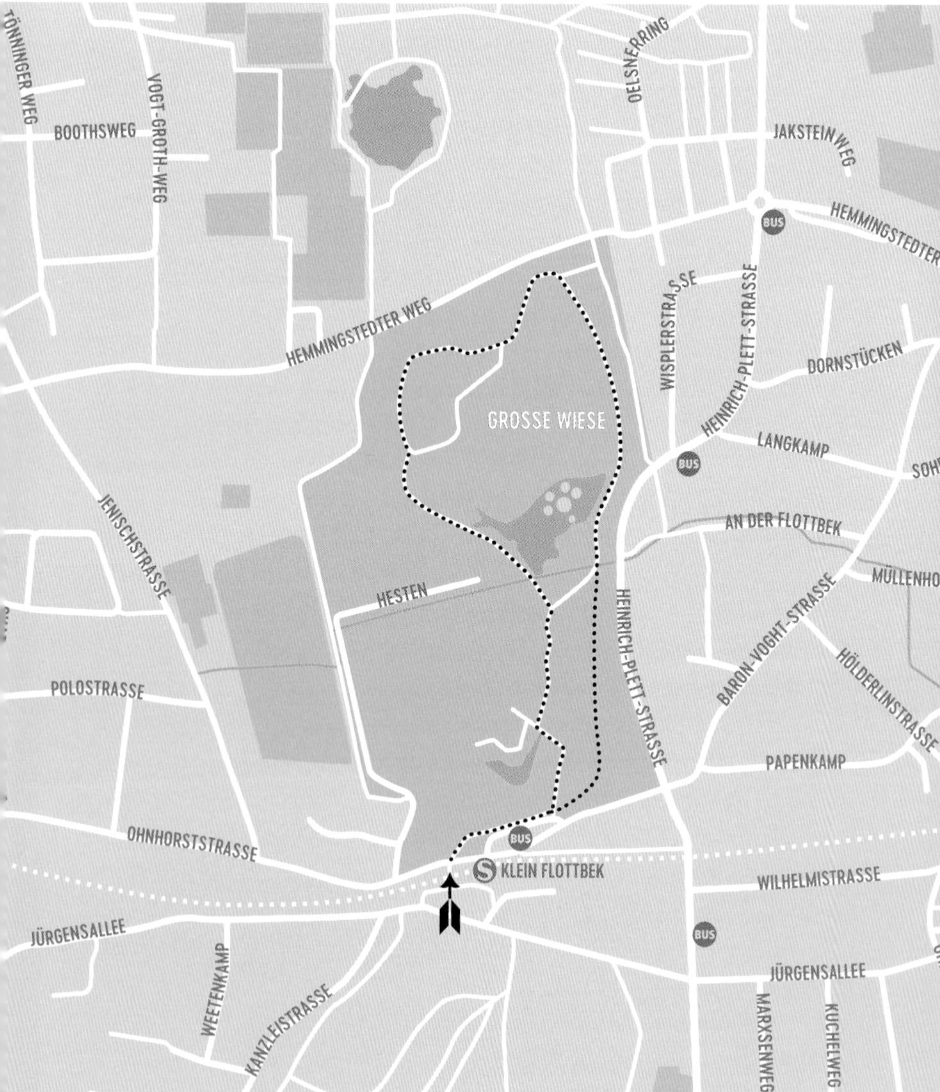
TÖNNINGER WEG
BOOTHSWEG
VOGT-GROTH-WEG
OELSNERRING
JAKSTEIN WEG
HEMMINGSTEDTER
BUS
HEMMINGSTEDTER WEG
WISPLERSTRASSE
HEINRICH-PLETT-STRASSE
DORNSTÜCKEN
GROSSE WIESE
LANGKAMP
BUS
JENISCHSTRASSE
AN DER FLOTTBEK
MÜLLENHO
HESTEN
HEINRICH-PLETT-STRASSE
BARON-VOGHT-STRASSE
HÖLDERLINSTRASSE
POLOSTRASSE
PAPENKAMP
OHNHORSTSTRASSE
BUS
KLEIN FLOTTBEK
WILHELMISTRASSE
JÜRGENSALLEE
BUS
WEETENKAMP
JÜRGENSALLEE
KANZLEISTRASSE
MARXSENWEG
KUCHELWEG

BOTANISCHER GARTEN

In der Parkanlage Planten un Blomen steht in der Nähe des Dammtor-Bahnhofs eine uralte Platane, die sogenannte »Lehmann-Platane«. Im Jahre 1821 pflanzte der Gymnasial-Professor Johann Georg Christian Lehmann diesen Baum und begründete damit den Alten Botanischen Garten. 1970, also rund 150 Jahre später, beschloss die Hamburger Bürgerschaft, den mittlerweile zu eng gewordenen Alten Botanischen Garten in den Hamburger Westen zu verlegen. 1979 wurde dann in Klein Flottbek der Neue Botanische Garten eröffnet. Er dient nicht nur der Forschung und Lehre, sondern will auch die Öffentlichkeit mit einem breit gefächerten Veranstaltungsprogramm an die Pflanzenwelt heranführen. Nicht zuletzt ist der Botanische Garten in Klein Flottbek ein Ort der Muße und Erholung. Hier kann man seine Seele baumeln lassen und sich an der Vielfalt und Schönheit der Pflanzen erfreuen. Und wo es grünt und blüht, fühlen sich natürlich auch die Tiere wohl. In einer alten Buche turnt ein Eichhörnchen, auf der großen Wiese suchen Amseln nach Regenwürmern. Bienen und andere Blütenbesucher können reichlich Nektar und Pollen sammeln. Aber auch Pflanzenschädlinge wie die Blattlaus finden einen gut gedeckten Tisch. Doch zum Glück leben im Botanischen Garten auch Tie-

Der Botanische Garten liegt im Westen Hamburgs. S-Bahn (S1, S11) bis Klein Flottbek (Botanischer Garten); Buslinien 15, 21 bis S-Bahn-Haltestelle Klein Flottbek. Eingang Ohnhorststraße (gegenüber dem S-Bahnhof), Parkplatz rechts vom Eingang.

re, die die ungebetenen Besucher in Schach halten. So haben Marienkäfer und die Larven von Schwebfliegen Blattläuse zum Fressen gern.

REGENWURM UND MAULWURF

Auch wer sich mehr für die Tier- als für die Pflanzenwelt interessiert, kann im Botanischen Garten tolle Beobachtungen machen. Vielleicht entdeckt er einen Zitronenfalter, der als einer der ersten Frühlingsboten über die Beete flattert. Oder er freut sich über die vielen Kaulquappen, die sich in einem kleinen Gewässer im Japan-Garten tummeln. Mit etwas Glück kann er dort sogar einen Teichmolch beobachten. Der muss aber aufpassen, nicht vom Graureiher gefressen zu werden. Dieser Schreitvogel ist eine von über fünfzig Vogelarten, die bisher im Botanischen Garten beobachtet werden konnten. Wenn es allmählich wärmer wird und immer mehr Blumen blühen, erwacht die Insektenwelt. Bienen summen und Hummeln brummen. Aber auch in der kühleren Jahreszeit lassen sich noch Tiere beobachten. Etwa der schöne Admiral. Dieser Schmetterling sitzt gern auf heruntergefallenen Früchten, um von den süßen Säften zu trinken. Freude macht es auch, wenn an einem frischen Herbstmorgen der Raureif auf den Blättern glitzert und die kunstvollen Netze vieler Spinnen im milden Licht der Sonne funkeln.

Heute, an diesem herrlichen Frühlingstag, wollen wir uns die Tierwelt des Botanischen Gartens einmal etwas näher anschauen. Vor dem Eingang empfängt uns die große Bronzeplastik des Worpsweder Künstlers Waldemar Otto mit dem Titel »Adam plündert das Paradies«. Wir schauen uns den hässlichen, dickbäuchigen Adam an, der gierig in den Apfel beißt. Er musste das Paradies verlassen. Und die Zerstörung der Natur durch den Menschen geht unvermindert weiter. Das gilt natürlich auch für die Tierwelt. So schrumpfen die hiesigen Bestände vieler Arten in großem Tempo. Ein Beispiel für Hamburg: Die Hälfte der vor hundert Jahren hier noch vorkommenden Tagfalter ist mittlerweile ausgestorben. Das liegt vor allem an der Zerstörung ihrer Lebensräume. Wir starten unseren Rundgang durch den Botanischen Garten und gehen zuerst in Richtung »Grüne Schule«. Dort können Schüler von einem Gartenpädagogen viel über die Pflanzenwelt erfahren. Nach ein paar Schritten sehen wir eine Amsel, die in einem Blumenbeet nach Nahrung sucht. Schon im nächsten Moment zappelt ein fetter **REGENWURM** in ihrem Schnabel. Schade eigentlich, denn er ist ein wichtiger »Mitarbeiter« im Botanischen Garten. Sein Kot stellt jeden Dünger in den Schatten, und seine vielen Gänge sorgen für eine gute Durchlüftung des Erdbodens. Der Regenwurm kriecht zwar bei Regen oft an die Erdoberfläche, aber sein Name hat mit Regen überhaupt nichts zu tun. Er leitet sich ab von »reger Wurm«. So bezeichnete man dieses Tier im 16. Jahrhundert. Und der Regenwurm ist ja auch wirklich rege – gräbt und frisst er doch den ganzen Tag. Warum der Regenwurm bei Regen nach oben kriecht, ist unklar. Eine Theorie besagt, dass er die Vibrationen wahrnimmt, die die Regentropfen beim Auftreffen auf den Boden verursachen. Diese Vibrationen ähneln den Erschütterungen, die entstehen, wenn sich ein Maulwurf durch die Erde gräbt. Da dieser Insek-

Gemeiner Regenwurm

GEMEINER REGENWURM (Lumbricus terrestris) [KENNZEICHEN] Länge 10–30 Zentimeter. Der langgestreckte, zylindrische Körper hat eine rötliche bis bräunliche Färbung. Er ist vorn zugespitzt und hinten abgeflacht. [LEBENSRAUM] Feuchte Böden von Äckern, Gärten, Wiesen und Wäldern. [NAHRUNG] Abgestorbene Pflanzenteile, vor allem Blätter. [SONSTIGES] In Deutschland leben 39, zum Teil schon selten gewordene Regenwurmarten. Der Gemeine Regenwurm, auch »Tauwurm« genannt, ist der bekannteste heimische Vertreter. Er kann bis zu drei Meter tiefe Gänge graben.

tenfresser der größte Fressfeind des Regenwurms ist, versucht dieser, nach oben zu entfliehen. Dort ist er zwar vor dem Maulwurf meist sicher, aber wenn der Regenwurm Pech hat, wartet schon eine hungrige Amsel auf ihn. Weiter geht's. In einem Ahorn beobachten wir zwei Kohlmeisen. Die flinken Turner hängen mit dem Rücken nach unten an einem Zweig und suchen unermüdlich nach Insekten und Spinnen. Vogelkundler haben einmal errechnet, dass eine Kohlmeisenfamilie im Jahr rund 75 Kilogramm Insekten und Spinnen vertilgt. Das entspricht dem Gewicht eines erwachsenen Menschen! Unter diesen unzähligen Krabbeltieren sind auch viele Schädlinge, etwa Blattläuse oder die Raupen bestimmter Schmetterlinge. Indem sie viele Insekten und Spinnen von den Pflanzen absammeln, leisten Kohlmeisen, aber auch Blaumeisen und andere Vogelarten einen wichtigen Beitrag zur biologischen Schädlingsbekämpfung. Vorbei an Sumpfzypressen und Araukarien gehen wir nach links und gelangen an eine große Wiesenfläche, in deren Zentrum sich die neugestaltete pflanzensystematische Abteilung des Botanischen Gartens befindet. Mehrere Erdhaufen sind zu sehen. Hier hat der **MAULWURF** fleißig gebuddelt. Bei vielen Gartenbesitzern ist er nicht gerade beliebt, weil seine Maulwurfshügel ihren gepflegten Rasen verschandeln. Die Erdhaufen entstehen aus dem Aushubmaterial der Gänge und Kammern, die der Maul-

Europäischer Maulwurf

EUROPÄISCHER MAULWURF (Talpa europaea) [KENNZEICHEN] Länge (ohne Schwanz) 10–17 Zentimeter. Das weiche, dichte Fell ist grau, braun oder schwarz; zugespitzter Kopf, walzenförmiger Körper und schaufelförmige Hände. [LEBENSRAUM] Nicht zu trockene Böden von Wiesen, Wäldern, Gärten und Parks. [NAHRUNG] Regenwürmer und Insekten. [SONSTIGES] Vor Beginn der Winterzeit legt sich der Maulwurf einen Regenwurm-Vorrat an. Dazu beißt er ihnen den Vorderteil ab. So können sie nicht mehr fliehen, bleiben aber am Leben.

wurf mit seinen schaufelförmigen Händen im Boden gräbt. Gern würde manch einer dem Maulwurf zu Leibe rücken. Doch der steht unter Naturschutz, was jegliche Nachstellung verbietet. Warum auch? Dieses wie Igel und Fledermaus zu den Insektenfressern gehörige Säugetier verursacht höchstens ein optisches Problem. Die Gartenpflanzen schädigt es dagegen kaum. Stattdessen vertilgt der Maulwurf gern Schnecken, Würmer und Schadinsekten. Er frisst täglich so viel, wie er wiegt. Da sein Körpergewicht etwa einhundert Gramm beträgt, sind das pro Jahr fast 36 Kilogamm an Beutetieren. Der kleine Maulwurf ist also ein sehr nützlicher Gartenbewohner. Und seine Hügel lassen sich mit ein wenig Sand und Kompost gut für den Blumenkasten verwenden.

Teichmolch (Männchen)

Jetzt spazieren wir ein Stückchen die große Wiese entlang und gehen dann an dichtstehenden Bambushalmen vorbei in den Japan-Garten. Hier blühen Azaleen in unterschiedlichen Farben, und über den beiden kleinen Teichen machen Libellen Jagd auf Insekten. Wir erkennen eine Hufeisen-Azurjungfer und einen Vierfleck. Im Wasser sind schwarze Kaulquappen zu sehen. Sie schwimmen in kleinen Gruppen. Später werden daraus einmal Erdkröten. Noch ganz fasziniert von den samtartig aussehenden Krötenlarven, entdecken wir auf dem schlammigen Teichgrund einen **TEICHMOLCH**. Längere Zeit bleibt er unbewegt, doch dann taucht er plötzlich zur Wasseroberfläche auf, um sich eine Kaulquappe zu schnappen. Die entkommt allerdings, und so kehrt unser Teichmolch unverrichteter Dinge zum Teichgrund zurück. Vielleicht findet er dort ja etwas zu fressen, etwa einen kleinen Krebs oder eine Insektenlarve. Mit seinem gewellten Kamm auf dem Rücken ähnelt der Teichmolch einem kleinen Drachen. Wir sehen ein Männchen in seinem Hochzeitskleid. Dem unscheinba-

Teichmolch (Weibchen)

reren Weibchen fehlt der Rückenkamm. Jetzt im Frühling ist es einige Wochen mit der Eiablage beschäftigt. Dazu sucht sich das Weibchen für jedes seiner bis zu 300 Eier ein Wasserpflanzenblatt, faltet dieses mit den Hinterbeinen zu einer Tasche und legt sein Ei dort hinein. Aus den Eiern entwickeln sich später über mehrere Larvenstadien neue Teichmolche. Allerdings kommt es in den meisten Fällen gar nicht erst so weit, weil viele hungrige Fressfeinde wie Wasserwanzen, Fische oder Vögel auf die kleinen Lurche warten.

Gleich neben dem Japan-Garten liegt der China-Garten. Hier blühen herrliche Magnolien. Auf dem Dach des chinesischen Pavillons singt eine Misteldrossel, und auf dem Wasser eines größeren Teichs schwimmt ein Reiherenten-Paar. Jetzt wollen wir zum Alpinum. Auf dem Weg dorthin sehen wir eine Spanische Wegschnecke. Dieses braune Weichtier ist für fast neunzig Prozent der Fraßschäden in Gemüsebeeten und Blumenrabatten verantwortlich und wird deshalb mit verschiedenen Methoden bekämpft. Beim Alpinum angelangt, freuen wir uns über die vielen bunten Bergblumen. Hier blüht der Dinarische Enzian, dort der Gletscher-Hahnenfuß

TEICHMOLCH (Lissotriton vulgaris) [KENNZEICHEN] Länge bis zu 11 Zentimeter. Das Weibchen ist etwas kleiner als das Männchen; bräunliche Grundfärbung mit schwarzen Flecken auf der Bauchseite. In der Paarungszeit hat das Männchen einen hohen, gewellten Kamm auf Rücken und Schwanzoberseite. [LEBENSRAUM] Als Laichgewässer eignen sich besonnte Tümpel, Weiher oder Gräben. Wichtig sind ausreichend Wasserpflanzen. Der Landlebensraum sollte in der Nähe liegen und genügend Versteckmöglichkeiten bieten. [NAHRUNG] Würmer, kleine Krebse, Insektenlarven, Schnecken, Froschlaich und Kaulquappen. [SONSTIGES] Der Teichmolch ist viel häufiger als der Kammmolch. Als Kulturfolger lebt er auch in Gartenteichen. Dort sollten keine größeren Fische schwimmen, die ihn sonst fressen würden.

und weiter oben der Rote Steinbrech. Da kommt ein **DISTELFALTER** angeflogen und setzt sich auf einen von der Sonne erwärmten Granitstein. Der Schmetterling sieht ziemlich lädiert aus. Aus seinen Flügeln sind an verschiedenen Stellen kleine Stücke herausgebrochen. Das ist kein Wunder, denn unser Schmetterling hat bereits eine weite Reise hinter sich. Er ist ein Wanderfalter, der den Winter in Afrika verbringt. Im Frühjahr fliegt der Distelfalter dann die lange Strecke über das Mittelmeer, durch die Alpenpässe bis zu uns und noch weiter. Hier pflanzt er sich fort. Die neu entstandene Generation vermehrt sich nach kurzer Flugzeit noch einmal. Die Distelfalter dieser zweiten Generation treten nun im Oktober wieder die lange Wanderung zu ihren tropischen Überwinterungsgebieten an. Viele von ihnen schaffen den Weg aber nicht und sterben, weil sie die Kälte nicht vertragen. Aber warum setzt sich dieser zarte Schmetterling dann so großen Strapazen aus? Er findet auf diese Weise immer genügend Pflanzen für sich und seine Raupen. Wenn im Spätsommer die Nahrung knapp wird, fliegt er einfach in den Süden, wo es auch im Winter grünt und blüht.

Distelfalter

DISTELFALTER (Vanessa cardui) [KENNZEICHEN] Flügelspannweite 4,5–6 Zentimeter; orangebraune Flügeloberseiten mit schwarzen Flecken. Die Flügelspitzen sind schwarz und haben mehrere weiße Flecken. Die stachelige Raupe ist schwarz und hat an beiden Seiten eine fast durchgehende, gelbe Linie. [LEBENSRAUM] Als Wanderfalter ist dieser Schmetterling in den verschiedensten Lebensräumen anzutreffen, in der Stadt auch in Gärten und Parks. [NAHRUNG] Der Falter ernährt sich vom Nektar vieler verschiedener Pflanzen, etwa von Disteln oder Schmetterlingsflieder. Die Raupe frisst Disteln, Brennnesseln und andere Pflanzen. [SONSTIGES] Der Distelfalter ist mit Ausnahme von Südamerika weltweit verbreitet. Bei seinen langen Wanderungen lässt er sich häufig vom Wind tragen, um Energie zu sparen.

Der Distelfalter fliegt weiter, und auch wir setzen unseren Rundgang fort. Auf den weißen Blüten eines Hartriegels fällt uns ein größeres Insekt auf. Es ähnelt ein wenig einer Hornisse. Die Hornissenschwebfliege tut aber nur so, als könne sie stechen. Sie ist völlig harmlos und imitiert das Aussehen einer Hornisse, um sich vor Vögeln und anderen Fressfeinden zu schützen. Jetzt gelangen wir in einen kleinen Wald. Hier wachsen Buchen, Eichen und verschiedene andere einheimische Bäume. Ein Buntspecht trommelt am Stamm eines Ahorns, und am Waldboden scheint eine kleine Maus zu flitzen. Doch als wir näher hinschauen, entpuppt sich die Maus als Heckenbraunelle. Dieser braune Waldvogel huscht geschäftig und flink am Boden umher und sucht nach Sämereien. Wir machen noch eine weitere interessante Entdeckung: Ein **TIGERSCHNEGEL** kriecht auf dem feuchten Waldboden. Und wir können von Glück sagen, ihn zu sehen, denn diese große, nachtaktive Nacktschnecke hält sich am Tage meist unter Blättern und Gestrüpp verborgen. Ihr auffallend gezeichneter Körper ist vorne wie der eines Leoparden und hinten wie der eines Tigers gemustert. Der Tigerschnegel ist ein sehr nützlicher Gartenbewohner. Er geht kaum an frisches Grün, sondern frisst lieber Algen, Pilze und abgestorbene Pflanzenteile. Wie nützlich er ist, zeigt sich auch darin, dass er sogar die Spanische Wegschne-

Tigerschnegel

TIGERSCHNEGEL (Limax maximus) [KENNZEICHEN] Länge bis zu 13 Zentimetern; variable, dunkle Flecken- und Streifenzeichnung auf bräunlichem bis grauem Untergrund. [LEBENSRAUM] Wälder, Feldgehölze, Hecken, Gärten, Parks, Friedhöfe. [NAHRUNG] Flechten, Algen, Pilze, abgestorbene Pflanzenteile, Nacktschnecken und deren Eier, Aas. [SONSTIGES] Ursprünglich nur in den Wäldern Süd- und Westeuropas beheimatet, hat sich der Tigerschnegel auch in Mitteleuropa etabliert, wo er als Kulturfolger in städtischen Grünanlagen und sogar in feuchten Kellern und Lagerräumen lebt.

Gemeine Florfliege

cke verspeist, obwohl diese fast genauso groß ist wie er. Wegen seines bitteren Schleims hat dieser gefräßige Pflanzenschädling nur wenige natürliche Feinde. Der Tigerschnegel ist einer von ihnen, und wer diese Nacktschnecke im Garten hat, kann auf Schneckenkorn und andere chemische Mittel verzichten oder zumindest deren Einsatz reduzieren.

Im Bauerngarten mit seinen vielen Blüten summt es überall. Das ist kein Wunder, denn am Rand stehen mehrere Bienenkästen, deren Bewohner jetzt fleißig Nektar und Pollen sammeln. Auch Hummeln und einige Schmetterlinge sind unterwegs. Wir sehen ein Tagpfauenauge und einen Kleinen Fuchs. Eine Biene fällt uns auf. Sie ist kleiner als die anderen. Es ist eine Wildbiene. Im Gegensatz zur staatenbildenden Honigbiene lebt sie als Einzelgänger. Wir gehen durch den Apothekergarten mit seinen verschiedenen Heilpflanzen und erreichen nach einigen Schritten den großen, zentralen Teich. Am Ufer laufen zwei Teichhühner, und auf dem Wasser schwimmen einige Graugänse und Stockenten. Ein großer Karpfen kommt an die Wasseroberfläche und scheint um Futter zu betteln, denn er reißt sein Maul weit auf. Auf dem Weg zum Ausgang kommen wir noch an einer großen, herrlich blühenden Hortensie vorbei und bemerken dort

GEMEINE FLORFLIEGE (Chrysoperla carnea) [KENNZEICHEN] Länge 1–1,5 Zentimeter; dämmerungs- und nachtaktiv. Flügel und Körper hellgrün. Vor der Überwinterung verfärbt sie sich braun. [LEBENSRAUM] Weitverbreitet. Häufig in Wäldern, Gärten und Parks. [NAHRUNG] Das ausgewachsene Insekt frisst Nektar, Pollen und Honigtau von Blattläusen, die Larve vertilgt vor allem Blattläuse. [SONSTIGES] Die Gemeine Florfliege überwintert häufig auf Dachböden oder in Schuppen und Garagen. Sie ist sehr nützlich und sollte deshalb nicht getötet werden. Florfliegenlarven werden für die biologische Schädlingsbekämpfung gezüchtet.

ein besonders graziles Insekt: eine **FLORFLIEGE**. Ihre durchsichtigen, mit vielen hellgrünen Adern durchzogenen Flügel hat sie dachförmig über ihren Körper zusammengelegt. Die winzigen, halbkugelförmigen Augen schillern in allen Regenbogenfarben. Die Florfliege ist nicht nur zart und schön, sondern auch sehr nützlich. Ihre Larve frisst nämlich besonders gern Blattläuse und wird deshalb auch »Blattlauslöwe« genannt. Man hat einmal ausgerechnet, wie viele Blattläuse von den Nachkommen einer einzigen Florfliege vertilgt werden. Sie legt dreimal im Jahr jeweils etwa 350 Eier. Jede der sich aus diesen Eiern entwickelnden Larven frisst in ihrem Leben etwa 450 Blattläuse. Das ergibt dann die beeindruckende Zahl von über 470 000 Blattläusen!

HINWEISE

➔ *Der Botanische Garten der Universität Hamburg (seit 2012 heißt er »Loki-Schmidt-Garten«) ist täglich ab 9 Uhr geöffnet: Januar und Februar bis 16 Uhr, 1. bis 28. März bis 17 Uhr, 29. März bis 30. April bis 19 Uhr, Mai bis August bis 20 Uhr, September bis 19 Uhr, 1. bis 24. Oktober bis 18 Uhr, 25. Oktober bis 30. Dezember bis 16 Uhr (außer am 24. und 31. Dezember sowie bei Glätte).* ➔ *Der Eintritt ist frei.* ➔ *Die Gesellschaft der Freunde des Botanischen Gartens Hamburg e. V. bietet ein sehr abwechslungsreiches Veranstaltungsprogramm an, darunter auch vogelkundliche Führungen im April und Mai. Info: www.bghamburg.de, Telefon (040) 428 164 76.* ➔ *Hunde sind im Botanischen Garten nicht zugelassen.*

EIGENE BEOBACHTUNGEN

FARBENPRÄCHTIGE INSEKTEN – EIN GARTEN FÜR SCHMETTERLINGE

Schmetterlinge tanzen geruhsam über Wiesen dahin ... So erträumen wir uns wohl den Sommer. Als hätte die Natur selbstvergessen gespielt, hat sie diese geflügelten Wesen überreich mit Farben und Mustern geschmückt: Zitronenfalter, Tagpfauenauge, Kleiner Fuchs, Admiral, und was der schönen Namen mehr sind. Schon die alten Griechen ließen sich von ihnen bezaubern und betrachteten Schmetterlinge als Sinnbild der Seele. Doch dieses Sommerbild finden wir heute nur noch selten, denn in den letzten hundert Jahren ist fast die Hälfte der in der Hansestadt lebenden Tagfalter ausgestorben. Lebensraumzerstörung und Gifteinsatz haben ihnen den Garaus gemacht. Und leider finden die farbenprächtigen Insekten auch in vielen Gärten keine guten Lebensbedingungen vor. Statt heimischer Blumen, Gräser, Sträucher und Bäume dominieren langweiliger Einheitsrasen und exotische Gewächse. Wer daran im eigenen Garten etwas ändern möchte, sollte rechtzeitig an die nächste Schmetterlingssaison denken.

Entsprechend der Lage, Größe und Bodenbeschaffenheit des Gartens lassen sich unterschiedliche Biotope realisieren. Etwa eine Staudenrabatte, ein duftendes Kräuterbeet oder eine Hecke mit Wildsträuchern. Wer einen Teil seines englischen Rasens in eine bunte Schmetterlingswiese umwandeln möchte, muss allerdings zuerst den Nährstoffgehalt des Bodens senken, da die meisten Wildblumen auf mageren Böden gedeihen. Dazu trägt man am besten die vorhandene Grasnarbe teilweise ab. An den freigelegten Stellen wird der Boden umgebrochen, durch Sandbeimischung abgemagert und mit einer im Fachhandel erhältlichen Blumenwiesenmischung eingesät.

Kartäusernelke, Taubenskabiose, Tüpfeljohanniskraut, Wilder Majoran und andere heimische Wildblumen locken mit ihren Farben und Düften Schmetterlinge an. Wie Marionetten an unsichtbaren Fäden tanzen sie von

Blüte zu Blüte, saugen durch ihren ausgestülpten Rüssel Nektar und betätigen sich so ganz nebenbei als Bestäuber. Wer sich nicht nur auf seine Pflanzen verlassen möchte, kann Schmetterlinge zusätzlich durch Kunstnahrung anlocken. Bewährt hat sich ein »Schmetterlingscocktail« aus Honig, Zucker und einer Prise Salz – alles in Wasser gelöst. Schmetterlingsfreunde müssen aber auch nicht gänzlich auf exotische Pflanzen verzichten. Wichtig ist nur, dass die Blüten nicht gefüllt sind, damit die zarten Insekten leichten Zugang zum Nektar haben. Eine besonders ergiebige Nektartankstelle ist der Sommerflieder. Er zieht die Falter magisch an. An manchen warmen Tagen sind seine Blütenstände dicht mit Schmetterlingen besetzt. Dann können wir Tagpfauenauge, Kleinen Fuchs oder Admiral ganz aus der Nähe erleben. Weitere exotische Nektarspender sind Blaukissen, Kapuzinerkresse, Phlox und Zinnie.
Beim Pflanzen sollte man bedenken, dass vom zeitigen Frühjahr bis zum späten Herbst immer etwas blüht, damit die Schmetterlinge jederzeit ausreichend mit Nektar versorgt sind. Im Frühling liefern Blaustern, Schlüsselblume und Margerite flüssige Nahrung, im Herbst Purpur-Fetthenne oder Neubelgische Aster. Über achtzig Prozent der heimischen Schmetterlinge sind nachtaktiv. Sie besuchen Pflanzen, die erst in der Nacht ihr volles Aroma entfalten. Auf unsichtbaren Duftstraßen finden die Nachtfalter mit traumwandlerischer Sicherheit ihre Nektarquellen wie Geißblatt, Nachtkerze, Nachtlichtnelke und Nickendes Leimkraut.
Ein reichhaltiges Nektarangebot lockt zwar Schmetterlinge in den Garten, doch sie bleiben nur Gäste, wenn wir uns nicht gleichzeitig auch um ihre Raupen kümmern. Vergessen wir nicht: Ohne Raupen keine Schmetterlinge! Im Gegensatz zu den Faltern interessieren sie sich nicht für den Nektar, sondern haben es auf die Blätter einheimischer Pflanzen abgesehen. Während der Schmetterling eine Vielzahl unterschiedlicher Nektarquellen aufsucht, ist seine Raupe bei den Futterpflanzen schon wählerischer. So lebt die Raupe des Schwalbenschwanzes auf der Wilden Möhre oder der

Petersilie, Raupen von Schachbrett und Ochsenauge ernähren sich von Gräsern, und die Raupen vom Kleinen Fuchs, Tagpfauenauge, Admiral, C-Falter, Distelfalter und Landkärtchen haben die Blätter von Brennnesseln auf ihrem Speisezettel. Besonders wichtig für die Falter sind heimische Sträucher und Bäume, die Nahrung, Rastplatz sowie Schutz vor Regen, Wind und Kälte bieten. So leben die Raupen des Zitronenfalters auf Kreuzdorn und Faulbaum, die des Mondvogels auf Spitzahorn und Linde und die Raupen des Großen Schillerfalters auf der Grauweide. Neunzig Prozent der Blätter exotischer Pflanzen bleiben unangetastet, weil sie für Raupen ungenießbar sind.

Schmetterlingsschutz im Garten heißt, auch im Winter an die Falter zu denken. Einige überdauern die kalte Jahreszeit als Puppe an einem Zweig oder Blatt. Falllaub und auch Reisighaufen sollten zum Teil liegen bleiben. Hier könnten Puppen überwintern, manchmal sogar ein Schmetterling. Der Zitronenfalter ist so ein Überlebenskünster. Bis zu minus zwanzig Grad übersteht er. Ein Frostschutzmittel in seinem Blut bewahrt ihn vor dem Erfrieren. Tagpfauenauge und Kleiner Fuchs dagegen vertragen keinen Frost. Diese Schmetterlinge suchen sich ein geschütztes Plätzchen in Geräteschuppen oder auf Dachböden. Wenn sie im Frühling aus ihrer Kältestarre erwachen, geht es wieder hinaus. Dann müssen entsprechende Fenster und Dachluken wenigstens einen Spalt weit geöffnet sein.

Die schönen Admirale machen es wie die Zugvögel. Wenn der Herbst naht, fliegen sie in den Süden, einige sogar bis nach Nordafrika. Doch bevor es losgeht, nehmen sie noch gern auf dem Fallobst im Garten Platz und saugen den süßen Fruchtsaft. Hoffentlich bekommen sie keinen Schwips von den leicht gärenden Äpfeln, Birnen oder Pflaumen: Auf ihrem langen, beschwerlichen Weg müssen sie ja gut Kurs halten.

TIPPS ZUR TIERBEOBACHTUNG

Zwei Marienkäfer feiern Hochzeit, eine Kreuzspinne webt ihr kunstvolles Netz, eine Ringelnatter schnappt sich einen Teichfrosch, ein Eichhörnchen knabbert an einer Haselnuss: Wer ein Herz für Tiere hat und mit wachen Sinnen durch das grüne Hamburg spazieren geht, kann tolle Beobachtungen machen. Und das ist doch viel interessanter, als sich nur Tierfilme im Fernsehen anzuschauen. Aber nicht nur ein bunter Schmetterling oder ein niedlicher Igel haben unsere Aufmerksamkeit verdient, auch Tiere, vor denen sich manch einer ekelt wie eine Spinne oder eine Ratte sind spannende Beobachtungsobjekte. Wer seine tierischen Nachbarn ein wenig näher kennengelernt hat, wird sich vielleicht für ihren Schutz und Erhalt einsetzen wollen und sich beim NABU oder anderen Naturschutz-Organisationen engagieren. Dort bietet sich dem Naturfreund auch die Möglichkeit, sein Wissen über die Hamburger Tierwelt gemeinsam mit Gleichgesinnten zu erweitern und zu vertiefen.
Die in diesem tierkundlichen Stadtführer beschriebenen Beobachtungen konzentrieren sich auf das Sommerhalbjahr. Dann sind die meisten Arten aktiv. Besonders Insekten und andere wechselwarme Tiere lassen sich bei wärmeren Temperaturen gut beobachten. Als Beispiel ist in der folgenden Übersicht für eine Auswahl von Tagfalterarten angegeben, wann und wo sich diese am besten beobachten lassen:

Tagfalter (Raupen und Schmetterlinge)

➛ *Kohlweißling*: Raupen von Juni bis Oktober an Kreuzblütlern, Schmetterlinge von April bis Oktober an verschiedenen Blüten

➛ *Aurorafalter*: Raupen von Mai bis Juli an Wiesenschaumkraut, Schmetterlinge von April bis Juni an verschiedenen Blüten

➛ *Zitronenfalter*: Raupen von Juni bis Juli am Faulbaum, Schmetterlinge von Juli bis Juni des Folgejahres an verschiedenen Blüten (Falter überwintern)

➛ *Admiral*: Raupen von Juni bis Oktober an Brennnesseln, Schmetterlinge von Mai bis Oktober an verschiedenen Blüten und süßen Früchten (Wanderfalter)

➛ *Distelfalter*: Raupen von Juni bis Oktober an Disteln und Brennnesseln, Schmetterlinge von Juni bis Oktober an verschiedenen Blüten (Wanderfalter)

➛ *Kleiner Fuchs*: Raupen von Mai bis August an Brennnesseln, Schmetterlinge von Juni bis Mai des Folgejahres an verschiedenen Blüten (Falter überwintern)

➛ *Tagpfauenauge*: Raupen von Mai bis Juli an Brennnesseln und Hopfen, Schmetterlinge von Juli bis Mai des Folgejahres an verschiedenen Blüten (Falter überwintern)

➛ *Landkärtchen*: Raupen von Juni bis September auf Brennnesseln, Schmetterlinge von April bis August an verschiedenen Blüten

➛ *Waldbrettspiel*: Raupen von September bis Juni des Folgejahres an verschiedenen Gräsern (Raupen überwintern), Schmetterlinge von April bis September an verschiedenen Blüten

Ob in der City, im Wohngebiet oder in Gärten und Parks: Tiere sind überall zu sehen. Etwa ein Admiral in der Innenstadt, eine Erdkröte im Garten oder ein Fuchs auf dem Friedhof. Da viele Tiere bereits auf den Roten Listen stehen und manche Arten sogar vom Aussterben bedroht sind, ist es selbstverständlich, dass sich jeder Beobachter an die Artenschutzbestimmungen hält. Will man seltenere Arten wie beispielsweise eine Zauneidechse beobachten, sollte man ein Naturschutzgebiet mit den entsprechenden Biotopen aufsuchen. Dort gelten allerdings besonders strenge Verhaltensvorschriften. So ist es nicht gestattet, die Wege zu verlassen oder frei lebende Tiere anzulocken, zu füttern, zu fangen oder gar zu töten.

Insekten und Spinnen

Grundsätzlich gilt: keine Tiere berühren! Zwar sind die meisten Insekten und Spinnen harmlos. Allerdings kann der Stich einer Biene oder Wespe oder der Biss einer Kreuzspinne bei manchen Menschen allergische Reaktionen hervorrufen. Will man sich eine Libelle oder einen Schmetterling näher anschauen, ist ein Fernglas, das sich auch im Nahbereich scharf stellen lässt, sehr hilfreich. Weniger scheue Insekten oder auch Spinnen können mit einer Becherlupe gefangen und betrachtet werden. Das ist eine Plastikdose mit einer runden Lupe als Deckel. Ist das Insekt oder die Spinne nicht gleich zu identifizieren, kann man diese Tierchen mit einem Smartphone oder einer Kamera fotografieren und zu Hause in einem Bestimmungsbuch oder im Internet nachschauen. Zur Bestimmung von Heuschrecken ist sogar eine CD erhältlich, auf der die Gesänge der verschiedenen Arten zu hören sind. Wer Insekten und Spinnen gemeinsam mit anderen Interessierten kennenlernen möchte, hat die Möglichkeit, an Führungen des NABU Hamburg teilzunehmen.

Amphibien und Reptilien

Auch Amphibien und Reptilien sollte man nicht anfassen. Das gilt besonders für Salamander, Molche, Frösche und Kröten, denn ihre drüsenreiche Haut sondert Sekrete ab, die unterschiedlich giftig sind. Um Amphibien und Reptilien nicht zu stören, bietet sich zum Beobachten ein Fernglas an. Bewährt hat sich eine sieben- bis achtfache Vergrößerung. Wer einen Frosch oder eine Eidechse sieht und nicht weiß, um was für eine Art es sich handelt, hat verschiedene Möglichkeiten, das herauszufinden. Er kann die Tiere fotografieren oder filmen und später in den entsprechenden Bestimmungsbüchern oder im Internet nachsehen. Hat der Beobachter die Rufe eines Frosches gehört und vielleicht sogar aufgenommen, besteht die Möglichkeit, sie mit den auf einer CD zu hörenden Rufen der verschiedenen Arten zu vergleichen und so den Froschlurch zu identifizieren. Wer selbst etwas für die Amphibien und Reptilien in Hamburg tun möchte, kann bei der Fachgruppe Amphibien- und Reptilienschutz des NABU Hamburg mitmachen.

Vögel und Säugetiere

Zur Beobachtung von Vögeln und Säugetieren ist meist ein Fernglas nötig. Gut ist eine acht- bis zehnfache Vergrößerung. Damit lassen sich auch Einzelheiten erkennen wie etwa die rote Brust eines Bluthänflings oder die Maus im Maul eines Fuchses. In Hamburg leben 160 Vogelarten, aber nur 54 Säugetierarten. Deshalb lassen sich Vögel natürlich viel öfter beobachten als Säugetiere. Nicht wenige Säugetiere wie etwa die Gelbhalsmaus oder das Hermelin sind zudem dämmerungs- und nachtaktiv. Für Vögel liegt eine umfangreiche Bestimmungsliteratur vor. Auch bieten das Internet und diverse CDs, DVDs und Apps mit Vogelstimmen-Aufnahmen die Möglichkeit, Vögel anhand ihrer Laute und Gesänge zu identifizieren. Um seine vogelkundlichen Kenntnisse noch zu erweitern, lohnt die Teilnahme an vogelkundlichen Kurzwanderungen, die der NABU Hamburg jedes Frühjahr unter dem Motto »Was singt denn da?« anbietet. Auch zu Säugetieren gibt es Führungen: Im Frühjahr zu Fledermäusen und im Herbst zur Rothirsch-Brunft im Duvenstedter Brook.

STECKBRIEFE MIT ABBILDUNGEN

ADRESSEN

NABU Hamburg (www.hamburg.nabu.de): Klaus-Groth-Straße 21, 20535 Hamburg, Telefon (040) 697 08 90. Öffnungszeiten der Infozentrale: Dienstag bis Donnerstag 14–17 Uhr (Shop mit Bestimmungsbüchern und umfangreichem naturkundlichen Informationsmaterial).
Wer ehrenamtlich etwas für Hamburgs Natur tun möchte, kann in einer der 19 Stadtteilgruppen des NABU Hamburg mitarbeiten. Wer sich für eine besondere Tiergruppe interessiert, findet in folgenden Fachgruppen Gleichgesinnte: Insekten, Amphibien und Reptilien, Vögel, Fledermäuse.

Die Behörde für Umwelt und Energie hat unter www.hamburg.de/naturschutzpublikationen Rote Listen von bedrohten Tierarten der Hansestadt veröffentlicht (Tagfalter, Heuschrecken, Libellen, Amphibien und Reptilien, Vögel, Säugetiere). Außerdem bietet die Behörde unter www.hamburg.de/naturschutzgebiet ausführliche Informationen zu den 34 Hamburger Naturschutzgebieten und unter www.hamburg.de/parkanlagen gute Beschreibungen der Hamburger Parkanlagen.

Jedes Jahr veranstaltet die Loki Schmidt Stiftung, www.loki-schmidt-stiftung.de, an einem Wochenende den Langen Tag der StadtNatur Hamburg. Dort erfahren Naturinteressierte auch viel Spannendes über die Hamburger Tierwelt.

HILFE FÜR NOTLEIDENDE WILDTIERE

Alle Wildtiere: Wildtierstation des Hamburger Tierschutzvereins von 1841 e.V., Süderstraße 399, 20537 Hamburg, Telefon (040) 211 10 60, 24 Stunden kostenlose Wildtierannahme, Nottelefon für verletzte, hilflose Wildtiere (040) 222 277, www.hamburger-tierschutzverein.de
Wasservögel: Hamburger Schwanenwesen, »Schwanenvater« Olaf Nieß, Telefon (040) 428 042 495, www.alsterschwaene.de
Stadttauben: Hamburger Stadttauben e.V., Sievekingallee 59, 20535 Hamburg, Notruftelefon (040) 842 025 01, www.hamburgerstadttauben.de
Eulen, Greifvögel: Thilo Henckell, Telefon (040) 607 23 18; Peter Grell, Telefon (040) 607 17 01 (nur Beratung)
Fledermäuse: NABU Hamburg, AG Fledermausschutz, Fledermaus-Nottelefon (0700) 353 337 62, fledermausschutz@NABU-Hamburg.de
Igel: Komitee für Igelschutz e.V., Flaßheide 42, 22525 Hamburg, Telefon (040) 540 48 07, www.igelkomitee-hamburg.de
Eichhörnchen: Eichhörnchen Notruf e.V., Nettelnburger Straße 63 C, 21035 Hamburg, Notruftelefon (0700) 200 200 12, Notrufzeiten: täglich 10–12 Uhr, von Frühjahr bis Spätsommer zusätzlich auch 17–19 Uhr, www.eichhoernchen-notruf.com

BILDNACHWEIS

Zeichnungen

Alfred Brehm (1829–1884) - Brehms Thierleben. Allgemeine Kunde des Thierreichs, Neunter Band, Vierte Abtheilung: Wirbellose Thiere, Erster Band: Die Insekten, Tausendfüßler und Spinnen. Leipzig: Verlag des Bibliographischen Instituts, 1884., Public Domain, https://commons.wikimedia.org/w/index.php?curid=3592715: *Wasserspinne**
Brehms Tierleben. Allgemeine Kunde des Tierreichs. Vierte, vollständig neubearbeitete Auflage, herausgegeben von Prof. Dr. Otto zur Strassen, Bibliographisches Institut, Leipzig und Wien 1912–1918: Niedere Tiere, 1918: *Gemeiner Regenwurm*, Weinbergschnecke*; Säugetiere – Erster Band: Kloakentiere, Beuteltiere, Insektenfresser, Flattertiere, Erdferkel, Schuppentiere, Xenarthra, 1912: *Braunbrustigel, Europäischer Maulwurf, Zwergfledermaus*;* Säugetiere – Zweiter Band: Nagetiere – Robben, 1914: *Feldhase, Wanderratte*, Wildkaninchen;* Vielfüßler, Insekten und Spinnenkerle, Bibliographisches Institut, Leipzig und Wien 1915: *Ameisenlöwe*, Honigbienen*, Gemeine Florfliege, Gartenhummel, Gartenkreuzspinne*, Grünes Heupferd*, Hornisse*, Schwarze Wegameise*, Weberknecht*, Zebra-Springspinne**
Brehms Tierleben, Small Edition 1927 (Public Domain, https://commons.wikimedia.org): *Bisamratte*, Großer Abendsegler*, Rötelmaus**

Deutschlands Amphibien und Reptilien. Eine Beschreibung und Schilderung sämmtlicher in Deutschland und den angrenzenden Gebieten vorkommenden Lurche und Kriechthiere. Von Bruno Dürigen. Creutz'sche Verlagsbuchhandlung, Magdeburg 1897: *Blindschleiche, Kammmolch, Laubfrosch, Waldeidechse*
Johann Friedrich Naumann: Naturgeschichte der Vögel, 12 Bände, F.E. Köhler, Gera, 1820–1860: *Höckerschwan, Eisvogel, Fichtenkreuzschnabel, Graugans, Grünfink, Heckenbraunelle, Rauchschwalbe, Silberreiher, Sumpfrohrsänger, Teichhuhn, Waldohreule, Weißstorch, Zaunkönig, Zilpzalp*
Edmund Reitter: Fauna Germanica. Die Käfer des Deutschen Reiches, 5 Bände, 1908–1916: *Gemeiner Dungkugelkäfer, Moschusbock, Siebenpunkt-Marienkäfer*
Schmeils naturwissenschaftliche Atlanten. Die Reptilien und Amphibien Mitteleuropas. Von Dr. Richard Sternfeld. Verlag von Quelle & Meyer, Leipzig 1912: *Erdkröte, Grasfrosch, Kreuzotter, Ringelnatter, Teichfrosch, Teichmolch, Zauneidechse*
Die Schmetterlinge Europas. III. Band (Tafelband). Bearbeitet von Arnold Spuler. E. Schweizerbart'sche Verlagsbuchhandlung Nägele & Dr. Sprosser, Stuttgart 1910: *Admiral, Aurorafalter, Brauner Bär, Gammaeule, Kleiner Fuchs, Landkärtchen, Tagpfauenauge, Waldbrettspiel, Zitronenfalter*
Die Geradflügler Mitteleuropas von Dr. R. Tümpel. M. Wilckens Verlag, Eisenach 1901: *Blauflügelige Ödlandschrecke, Blaugrüne Mosaikjungfer, Blutrote Heidelibelle, Großer Blaupfeil, Große Pechlibelle, Hufeisen-Azurjungfer, Plattbauch, Vierfleck*

Fotovorlagen für Zeichnungen

www.naturespot.org.uk: *Fleckige Brutwanze, Gemeine Baldachinspinne, Rostrote Mauerbiene, Tigerschnegel*
Tierenzyklopädie.de (Urheber unbekannt): *Rotfuchs*
Wikimedia Commons: *Distelfalter*: Muséum de Toulouse (Fotograf: Didier Descouens) [CC BY-SA 4.0 (https://creativecommons.org/licenses/by-sa/4.0)], via Wikimedia Commons; *Eichhörnchen*: Von Ray eye - Photograph by Ray eye, CC BY-SA 2.0 de, https://commons.wikimedia.org/w/index.php?curid=2192065; *Europäischer Biber*: By Pearson Scott Foresman - Archives of Pearson Scott Foresman, donated to the Wikimedia Foundation, Public Domain, https://commons.wikimedia.org/w/index.php?curid=2533548; *Garten-Schnirkelschnecke*: By Image by Mad MaxEdited by Fir0002 — English Wikipedia 18:02, 24 May 2006, CC BY-SA 3.0, https://commons.wikimedia.org/w/index.php?curid=968296; *Gemeine Sandwespe*: By ©entomart, Attribution, https://commons.wikimedia.org/w/index.php?curid=627347; *Gemeiner Wasserläufer*: By Richard Bartz (Own work) [CC BY-SA 2.5 (https://creativecommons.org/licenses/by-sa/2.5)], via Wikimedia Commons; *Hain-Schwebfliege*: Von André Karwath aka Aka - Eigenes Werk, CC BY-SA 2.5, https://commons.wikimedia.org/w/index.php?curid=221925; *Rosskastanienminiermotte*: Von soebe, CC BY-SA 3.0, https://com-

mons.wikimedia.org/w/index.php?curid=235483; *Silberfischchen*: Christian Fischer [CC BY-SA 3.0 (https://creativecommons.org/licenses/by-sa/3.0)], via Wikimedia Commons; *Wespenspinne*: Von (talk) masaki ikeda - Eigenes Werk, Gemeinfrei, https://commons.wikimedia.org/w/index.php?curid=4961775

* Die Originalabbildungen sind schwarzweiß und wurden für diese Publikation nachkoloriert.